高等职业教育酿酒技术专业教材

啤酒生产理化检测技术

张祖莲　主编

中国轻工业出版社

图书在版编目（CIP）数据

啤酒生产理化检测技术/张祖莲主编. —北京：中国轻工业出版社，2021.6

高等职业教育酿酒技术专业系列教材

ISBN 978-7-5019-8694-1

Ⅰ.①啤… Ⅱ.①张… Ⅲ.①啤酒酿造－物理化学性质－检测－高等职业教育－教材 Ⅳ.①TS262.5

中国版本图书馆CIP数据核字（2012）第020355号

责任编辑：江　娟

策划编辑：李亦兵　江　娟　　责任终审：唐是雯　　封面设计：锋尚设计

版式设计：宋振全　　责任校对：晋　洁　　责任监印：张　可

出版发行：中国轻工业出版社（北京东长安街6号，邮编：100740）

印　　刷：三河市万龙印装有限公司

经　　销：各地新华书店

版　　次：2021年6月第1版第2次印刷

开　　本：720×1000　1/16　印张：15.25

字　　数：307千字

书　　号：ISBN 978-7-5019-8694-1　定价：28.00元

邮购电话：010-65241695

发行电话：010-85119835　传真：85113293

网　　址：http://www.chlip.com.cn

Email：club@chlip.com.cn

KG1242—111239

高等职业教育酿酒技术专业（啤酒类）系列教材
编　委　会

序

随着中国啤酒工业的不断发展，企业在激烈的市场竞争中，一直致力于不断提高产品质量，降低生产成本。为此，企业的生产设备在不断更新，自动化程度在不断提升。因此，企业对技能型人才的需求越来越多，要求也越来越高。这样，企业迫切希望高等职业院校能够培养大量符合企业需要的技能型人才。

目前，我国职业教育正处在发展时期，人们还在积极探索职业院校的人才培养模式和教学模式，积极寻求与之相配套的教材建设方向。中德合作的湖北轻工职业技术学院中德啤酒学院，积极借鉴德国成功的职业教育经验，努力探索适合中国国情的职业教育模式，积极深化教学改革，在企业员工培训、学生实习、学生就业、课程建设和教材建设等方面，不断加强与企业的合作，积极推进专业课程体系和教材的有机衔接。此次该院组织编写的高等职业教育酿酒技术专业（啤酒类）系列教材（即，《啤酒生产原料》、《麦芽制备技术》、《麦汁制备技术》、《啤酒发酵技术》、《啤酒过滤技术》、《啤酒包装技术》、《啤酒生产理化检测技术》和《啤酒生产微生物检测技术》），是该院在认真总结了二十多年办学成功经验的基础上，收集了大量的国内外教学资料和行业信息，在青岛啤酒股份有限公司等国内大型啤酒集团的大力支持和协作下，校企合作开发的专业教材。该教材图文并茂，将理论和实践有机地融合起来，注重专业与产业对接、教学内容与职业标准对接，教学过程与生产过程对接，突出强调了专业的知识目标，特别是技能目标，为学生的专业学习和教师的授课指明了方向。

这套专业系列教材，适合我国高等职业院校酿酒技术专业学生使用，也适合啤酒生产企业在员工培训中作为辅助学习资料使用。我相信，这套酿酒技术专业系列教材的出版发行，对提高我国高等职业院校相应专业学生的学习效果，提高企业员工的培训质量，提高技能型人才的培养质量都能起到相当大的作用，对中国啤酒工业的发展将发挥积极的作用。

青岛啤酒股份有限公司副总裁兼制造中心总裁

樊　伟

二零一二年五月

前　言

《啤酒生产理化检测技术》是高等职业教育酿酒技术专业教材之一，是高等职业教育发酵专业的一门核心课。

为了适应当前啤酒行业高技能人才的需要，充分体现高等职业教育的特点，我们编写了这本高等职业教育的特色教材。本教材系统地介绍了啤酒生产原辅材料、半成品、副产物、成品的分析和检测及质量控制，同时介绍了一些啤酒生产工艺的控制和检测。本教材所述分析方法都从原理、试剂（包括配制和标定）、仪器、操作过程、结果计算和注意事项等方面进行了详细的介绍。在很多地方融入了编者多年来从事啤酒生产理化检测和分析化学的教学经验和体会，本教材的编写，实际上是对编者多年来在教学思想、教学内容和教学方法所做探索的一次总结。

本教材的特点如下：① 理论和实用并重：既重视检测方法的介绍，又重视理论的探讨；② 实用性强：注重理论联系实际，力求系统性和实用性，同时，针对高职高专的学习特点，内容力求通俗易懂，易教易学，深入浅出，有利于提高教学效果，体现人才培养的实用性。通过设置“知识目标”、“技能目标”、“复习思考题”等内容，既方便教学，也便于学生把握学习目标，了解和掌握教学内容的知识点和能力点；③ 内容全面：对啤酒酿造过程中所涉及的原辅材料、半成品、副产物、成品的控制指标和分析方法以及生产工艺的控制进行全面的论述，融入了一些啤酒生产理化检测的新知识、新技术和发展方向；④ 适用面广：本教材可作为高职高专发酵专业的教学用书，也可作为生物工程、食品工程、工业分析与检验等专业的教学用书，还可作为啤酒酿造工程技术人员和实验室技术人员参考用书，或作为其他类型院校相关专业师生的参考用书。

本教材由湖北轻工职业技术学院张祖莲担任主编，湖北轻工职业技术学院吴长春、万莉担任副主编。张祖莲编写第一、二、三、四、五、七章，万莉编写第六章，吴长春编写第八章。

限于编者的学识和水平，书中不当甚至错漏之处在所难免，恳请读者不吝指教。

目　录

第一章　大麦分析

第二章　水分析

第三章　麦芽分析

第四章　酒花分析

第五章　大米分析

第六章　麦汁分析

第七章　麦糟分析

第八章　发酵液和成品啤酒分析

附录

第一章 大麦分析

知识目标

1. 通过本章的学习掌握大麦分析中的基本概念；
2. 掌握大麦样品的采集方法；
3. 了解大麦的感官评价和机械物理检验方法；
4. 掌握大麦生理检验和化学检验的原理和方法。

技能目标

1. 正确使用大麦分析中的各种仪器；
2. 准确进行大麦的全分析；
3. 正确进行大麦分析数据的处理；
4. 正确评价啤酒大麦的质量。

第一节 酿造大麦的质量要求

大麦作为啤酒生产的主要原料，其质量直接影响制麦过程和麦芽的质量。麦芽厂或啤酒厂的制麦车间对大麦质量进行分析和评价，对啤酒酿造有极其重要的意义。

作为啤酒酿造大麦，除了要符合 GB/T 7416—2008《啤酒大麦》的要求（见表 1－1、表 1－2 和表 1－3）外，还要满足不同制麦设备和不同麦芽种类的工艺要求。

表1-1 大麦感官要求

项目	优级	一级	二级
外观	淡黄色具有光泽，无病斑粒*	淡黄色或黄色，稍有光泽，无病斑粒*	黄色，无病斑粒*
气味	有原大麦固有的香气，无霉味和其他异味	无霉味和其他异味	无霉味和其他异味

注：*此处指检疫对象所规定的病斑粒。

表1-2 二棱大麦理化要求

<table>
<tr><th colspan="2">项目</th><th>优级</th><th>一级</th><th>二级</th></tr>
<tr><td>夹杂物/%</td><td>≤</td><td>1.0</td><td>1.5</td><td>2.0</td></tr>
<tr><td>破损率/%</td><td>≤</td><td>0.5</td><td>1.0</td><td>1.5</td></tr>
<tr><td>水分/%</td><td>≤</td><td colspan="2">12.0</td><td>13.0</td></tr>
<tr><td>千粒质量（以干基计）/g</td><td>≥</td><td>38.0</td><td>35.0</td><td>32.0</td></tr>
<tr><td>3d的发芽率/%</td><td>≥</td><td>95</td><td>92</td><td>85</td></tr>
<tr><td>5d的发芽率/%</td><td>≥</td><td>97</td><td>95</td><td>90</td></tr>
<tr><td>蛋白质含量（以干基计）/%</td><td></td><td colspan="2">10.0~12.5</td><td>9.0~13.5</td></tr>
<tr><td>饱满粒（腹径≥2.5mm）/%</td><td>≥</td><td>85.0</td><td>80.0</td><td>70.0</td></tr>
<tr><td>瘦小粒（腹径<2.2mm）/%</td><td>≤</td><td>4.0</td><td>5.0</td><td>6.0</td></tr>
</table>

表1-3 多棱大麦理化要求

<table>
<tr><th colspan="2">项目</th><th>优级</th><th>一级</th><th>二级</th></tr>
<tr><td>夹杂物/%</td><td>≤</td><td>1.0</td><td>1.5</td><td>2.0</td></tr>
<tr><td>破损率/%</td><td>≤</td><td>0.5</td><td>1.0</td><td>1.5</td></tr>
<tr><td>水分/%</td><td>≤</td><td colspan="2">12.0</td><td>13.0</td></tr>
<tr><td>千粒质量（以干基计）/g</td><td>≥</td><td>37.0</td><td>33.0</td><td>28.0</td></tr>
<tr><td>3d的发芽率/%</td><td>≥</td><td>95</td><td>92</td><td>85</td></tr>
<tr><td>5d的发芽率/%</td><td>≥</td><td>97</td><td>95</td><td>90</td></tr>
<tr><td>蛋白质含量（以干基计）/%</td><td></td><td colspan="2">10.0~12.5</td><td>9.0~13.5</td></tr>
<tr><td>饱满粒（腹径≥2.5mm）/%</td><td>≥</td><td>80.0</td><td>75.0</td><td>60.0</td></tr>
<tr><td>瘦小粒（腹径<2.2mm）/%</td><td>≤</td><td>4.0</td><td>6.0</td><td>8.0</td></tr>
</table>

第二节 大麦样品的采集

一、样品的采集原则

样品的分析步骤应包括从采样到报告结果的全过程，其中每一个环节都直接影响分析结果的准确度和精密度，而样品的采集又是分析的基础，因此，样品的采集与分析操作具有同等的重要性，只有样品采集得均匀、有代表性，才能确保准确、可靠的分析结果。

二、取样工具和容器

1. 取样工具

（1）包装取样器 全长700mm，探口长450mm，口宽为10mm，头尖形，最大外径约15mm。

（2）散装取样器 粗套管或细套管取样器，有全长1m或2m两种取样器，三个孔，每孔口长约150mm，口宽约18mm，头长约70mm，外径约28mm。

（3）取样铲 小铁铲，用于流动状况下取样或倒包取样。

2. 容器

样品容器应密封性能良好，清洁干燥。常用的容器有样品袋、磨口的广口瓶等。

三、取 样 方 法

大麦样品的采集应根据样品的包装形式，按不同的要求用取样器进行取样。

1. 袋装大麦的取样

（1）取样袋数不少于总袋数的5%。

（2）取样点要分布均匀。

（3）每袋取样次数要一致，每次的取样量要相同。

例如，一堆垛大麦共有500袋，则应在堆垛不同的部位均匀地取出25袋，在每袋的不同位置，将包装取样器槽口向下，插入袋中，然后槽口向上取出。

2. 散装大麦的取样

（1）仓库取样 根据仓库的高度进行分层，根据仓库的面积分区设点。

① 分层：根据堆高分层，堆高2m以下分上、下两层；堆高2～3m分3层；堆高3～5m分4层；堆高在5m以上的酌情增加层数。上层距堆面10～20cm处，

下层距离底部20cm处。

② 分区设点：根据堆形和面积大小分区，每区面积不超过$50m^2$，各区设中心四角5个点。区数在两个或两个以上的，两区界线上的两个点为共有点，即两个区设8个点，三个区设11个点，四个区设14个点，依此类推。麦堆边缘的点设在距边缘约50cm处。

③ 取样：按区按点，从上到下逐层用取样器取样，要求每一点的取样量相同。

（2）立仓取样　根据立仓的高度进行分层，根据立仓的直径按圈设点。

① 分层：根据立仓的高度分层，堆高2m以下分上、下两层；堆高2~3m分3层；堆高3~5m分4层；堆高在5m以上的酌情增加层数。上层距堆面10~20cm处，下层距离底部20cm处。

② 按圈设点：每层按立仓的直径分内（中心）、中（半径的1/2处）、外（距仓边缘30cm左右）三圈，直径在8m以下的立仓，每层按内、中、外分别设1、2、4共7个点；直径在8m以上的立仓，每层按内、中、外分别设1、4、8共13个点。

③ 取样：按层按点，从上到下逐层取样，要求每一点的取样量相同。

3. 流动状态下的取样

（1）在机械输送过程中，将需要检测的大麦按输送的时间和数量，确定取样次数和每次的取样量，一般要求至少取样20次。

（2）定时从输送终点横断面接取样品，或利用输送装置上的自动取样器进行取样，要求每次的取样量相同。

四、样品的处理和保存

将原始样品充分混合均匀，从混合均匀的样品中取一定量的样品用于分析和保存。通常大麦分析需要500~1000g样品。

1. 四分法

（1）混匀　将所取的全部大麦样品倒在光滑平坦的盘中或玻璃上，用长尺或两块分样板将样品摊成正方形，然后从样品左右两边铲起样品，对准中心同时倒落。换一个方向同样操作（中心点不动），如此反复操作4~5次。

（2）缩分　将混合均匀的样品摊成等厚的正方体，用长尺或分样板在样品上划两条对角线，将样品分成四等分，弃去两个对角部分的样品，剩下的样品按上述方法反复分取，直到最后剩下的两个对角的样品接近所需试样的质量为止。

2. 分样器法

分样器由漏斗、分样格和接样斗等部件组成，样品通过分样格时，就被均匀地分成对等的两部分。

（1）混匀　分样时，首先将分样器清扫干净，放稳，关闭漏斗开关，放好接样斗。将所取的全部样品从高于漏斗口约5cm处倒入漏斗内，刮平，打开漏斗开关。待样品流尽后轻拍分样器，关闭漏斗开关，将两个接样斗中的样品同时倒入漏斗内。重复进行两次，使所取的样品充分混合均匀。

（2）分样 将混合均匀的样品倒入漏斗，刮平，打开漏斗开关，去掉一个接样斗中的样品。将另一个接样斗中的样品倒入漏斗内，反复分取，直到一个接样斗的样品接近所需试样质量时为止。

3. 样品的存放

缩分后的样品立即用一密封的样品瓶（样品袋）装好，贴好标签，标明样品名称、样品来源、取样时间及地点等。样品进入实验室后应放置一段时间，以使其温度与室温一致，从而避免在大气中很快吸收水分。

取样时，应同时取出两份样或将分析未用完的样品进行保存，用来做对照实验。

第三节 大麦的感官检验

大麦的感官检验是询价和购买时的重要依据，是大麦分析的基础，感官不符合要求的大麦，没有必要做其他的检验。

大麦的感官检验是通过看、闻等进行判断和评价的。

一、感官检验

1. 色泽

检验方法：在自然光线明亮的地方观看大麦样品的色泽。

颜色记录为：淡黄色、黄色、黄色夹有绿色、褐色和暗褐色等。

光泽记录为：有光泽、稍有光泽或无光泽。

2. 气味

检验方法：将大麦样品在手中握5min，用鼻闻其气味。

记录为：气味正常（仅有麦秆香味）、有异味（稍有霉味、霉味、严重霉味）。

3. 麦粒形状

检验方法：在自然光线明亮的场所观看大麦样品的麦粒形状。

记录为：粒大、饱满、整齐；粒大、大小不均；籽粒瘦小等。

4. 谷皮特征

检验方法：在自然光线明亮的场所观看大麦的谷皮，并记录。皮薄的大麦浸出率高，未成熟的大麦皮厚，多酚物质含量高。

记录为：皮薄、有细小均匀的皱纹，谷皮完整；皮厚，有粗大不均匀的皱纹，谷皮不完整等。

5. 品种的纯净度

检验方法：通过麦粒的大小及形状、谷皮的厚薄、色泽等来判断。

记录为：品种纯净、品种不纯净。

6. 夹杂物

检验方法：取大麦样品观察是否含有夹杂物，如有则称取200g大麦样品，精确至0.1g，拣出其中的杂谷粒（如小麦、燕麦等）、杂草、麦秆、麦芒、石块、沙子、破损粒、已发芽粒等夹杂物，并称其质量，计算夹杂物所占的百分率。

计算：

$$夹杂物（\%）=\frac{m}{200}\times 100$$

式中 m——夹杂物的质量，g

所得结果表示至一位小数。

7. 破损率

检验方法：称取200g大麦样品，精确至0.1g，拣出其中的破粒、半粒，称其质量，计算其所占的百分率。

计算：

$$破损率（\%）=\frac{m}{200}\times 100$$

式中 m——破损麦粒的质量，g

所得结果表示至一位小数。

8. 湿度

检验方法：将大麦放在手心，让其自然滑落。

记录为：手感干燥、手感潮湿。

9. 病虫粒

检验方法：取大麦样品观察是否含有被病虫害侵袭的大麦。

记录为：无病斑粒、有病斑粒、有虫蛀粒等。

二、感官检验记录表

感官检验记录表见表1－4。

表1－4 大麦感官检验记录表

项目	检验结果	要求
色泽		酿造大麦应呈淡黄色而且有光泽。无绿色、灰色、棕色或大麦胚部呈深褐色以及红斑点的麦粒；麦粒的颜色不应过淡

续表

项目	检验结果	要求
气味		酿造大麦应具有新鲜的麦秆香味，稍升温，气味非常明显。不应有霉味、潮湿味、陈旧味等异味
麦粒形状		酿造大麦应颗粒饱满，呈短肥状，大小均匀
谷皮特征		酿造大麦应皮薄，具有细密的褶皱，而且有完整的谷皮
品种纯净度		品种纯净，不含有不同品种的大麦、不同产地的大麦、不同年度生长的大麦
夹杂物		大麦应不含杂草、杂种谷粒、石头、灰尘、谷皮碎片、半粒、霉粒等；夹杂物 $<2\%$
破损率		酿造大麦的破损率 $<1.5\%$
湿度		酿造大麦应手感干燥，大麦能从手中滑落出来
病虫粒		酿造大麦应无有斑点和明显虫蛀处的大麦

第四节　大麦的物理检验

一、百升质量

大麦的百升质量指每100L大麦的质量（kg）。

百升质量与单位体积麦粒的数量和麦粒的绝对质量有关。一般来说大麦的百升质量越高，其浸出率就越高。但是，大麦的百升质量受许多因素的影响，所以必须把百升质量与大麦的其他分析指标结合在一起来评价大麦质量。

（一）影响百升质量的因素

颗粒的大小及形状；大麦的含水量；打谷形式；杂质的含量。

（二）测定方法

1. 仪器

（1）百升质量测定仪　体积为1/4L。

（2）天平　感量0.1g。

2. 操作

（1）正确安装好百升质量测定仪，注意金属塞应在卡尺上方。

（2）用带底的圆筒装取大麦样品至刻度。

（3）将大麦倒入金属塞上方的圆筒中。

（4）将卡尺慢慢抽出，大麦随金属塞一起落入下部圆筒中。

（5）再次插入卡尺，倒出卡尺上部的大麦。

（6）取下上部圆筒和卡尺。

（7）将下部装有大麦的圆筒挂在秤杆上，另一端加砝码，称量其质量（或者将圆筒中的大麦倒入一干燥的容器中，用天平称其质量）。

（8）根据称出的质量，从附录5中查出相应的百升质量。

二、千粒质量

大麦的千粒质量指每1000粒大麦的质量（g）。大麦的千粒质量比百升质量更能反映大麦淀粉的含量，因为测定千粒质量时大麦的水含量、半粒及夹杂物都不影响其结果。

（一）测定大麦千粒质量的目的

（1）千粒质量能反映大麦的平均大小，千粒质量越大，则饱满大麦（>2.5mm）所占的百分数越高，浸出率越高。

（2）大麦的千粒质量和大麦的蛋白质含量一起可以反映大麦的淀粉含量。

（3）通过大麦和麦芽的千粒质量可以计算制麦损失。

例如，大麦的千粒质量：45g（风干），麦芽的千粒质量：35g（风干），则

制麦损失（%，风干）$=\dfrac{45-35}{45}\times 100=22.2\%$。

（二）测定方法

1. 仪器

（1）计数器。

（2）天平　感量0.1g。

2. 操作

（1）拣出大麦样品中的夹杂物。

（2）随机数出1000粒大麦颗粒，在天平上称其质量（g）。

（3）做平行试验。

3. 计算

$$m_2=m_1\ (1-w)$$

式中　m_2——试样的千粒质量（绝干），g

m_1——直接称量得到的试样风干千粒质量，g

w——试样水分的质量分数，%

所得结果表示至一位小数。

同一样品两次测定结果的绝对差值不得超过算术平均值的2%。

三、切粒试验（胚乳的性质）

（一）胚乳的性质

通过切粒试验可以确定大麦胚乳的性质。大麦胚乳的性质不仅影响大麦的浸

泡和发芽，而且影响麦芽的质量。

大麦胚乳的性质用粉状和玻璃质状来描述。

玻璃质又分为暂时性玻璃质和永久性玻璃质。将做过切粒试验的大麦样品，在室温下浸泡24h，然后在不超过40℃的温度下慢慢干燥后，再做切粒实验，得到的玻璃质为永久性玻璃质，已经消失的玻璃质为暂时性玻璃质。

暂时性玻璃质水浸试验消失，不影响大麦的品质。永久性玻璃质高的大麦一般蛋白质含量较高，发芽时难溶解，制成的麦芽溶解性差，酶活性差。

（二）测定方法

1. 仪器

（1）横切粒器（或剪刀）。

（2）镊子。

2. 操作

（1）将切粒器的卡刀放在左边，使上下两部分的空穴重合。

（2）随机取50粒麦粒于空穴中。

（3）在上部分放一塑料块（或金属块）压住麦粒。

（4）用一只手拿住切粒器和塑料块，另一只手将卡刀切入麦粒中，使麦粒切断。

（5）将上部分和卡刀推到一边。

（6）分别数出下部分麦粒中的玻璃质状麦粒数（灰色的）、半玻璃质状麦粒数（半灰半白）及粉状（全白色）麦粒数。

（7）另取50粒重复上述操作，计算粉状粒的含量。

（8）做平行试验。

3. 计算

$$\text{粉状粒含量（\%）} = \frac{100-\left(n_1+\frac{1}{2}\times n_2\right)}{100}\times 100$$

式中 n_1——100粒大麦中全玻璃质状的麦粒数

n_2——100粒大麦中半玻璃质状的麦粒数

计算举例：取100粒大麦，做切粒试验，其中粉状71粒，半玻璃质状24粒，全玻璃质状5粒，则：

$$\text{粉状粒含量（\%）} = \frac{100-\left(5+\frac{1}{2}\times 24\right)}{100}\times 100 = 83\%$$

4. 暂时性玻璃质与永久性玻璃质的区分试验

（1）将大麦在室温下用水浸泡24h。

（2）在干燥箱中，不超过40℃的温度下缓慢干燥。

（3）同上做切粒试验。

（4）数出100粒麦粒中的玻璃质状麦粒数（灰色的）、半玻璃质状麦粒数

(半灰半白)及粉状(全白色)的麦粒数，计算玻璃质含量即为永久性玻璃质。

例如，某大麦在水浸实验前，切粒得到玻璃质为40%，经水浸实验后，确定还有15%的玻璃质，故此大麦的暂时性玻璃质为25%，永久性玻璃质为15%。

四、选粒试验(整齐度)

选粒试验是大麦最重要的机械物理检验。大麦的整齐度对浸麦、发芽的均匀性影响很大。麦粒的大小是大麦吸水的重要因素，大小不均匀的大麦不可能生产出溶解均匀的麦芽。

(一)选粒试验的目的

(1)知道麦粒的大小。

(2)麦粒的均匀性、各类麦粒所占的比例。

(3)确定大麦中杂质的种类及含量。

(二)测定方法

1. 仪器

(1)EBC选粒筛　如图1-1所示，EBC选粒筛由电动机通过曲轴带动，装有3层筛板，上下间距为12~25mm，并有盖子和底盘。全机总高度80~100mm。振荡速度300~320r/min，平台移动的总长度18~22mm。筛面必须在两个方向严格保持水平，孔径必须经常用双脚规校准。

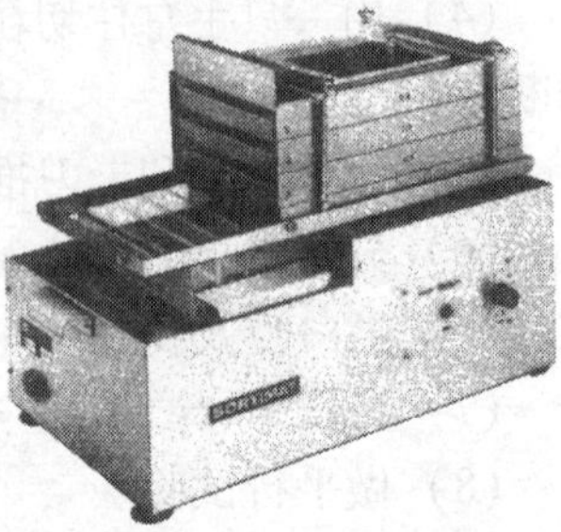

图1-1　EBC选粒筛

筛板的材料：由厚度为(1.3±0.1)mm的硬黄铜制成，上有条状孔，加工公差为0.03mm。

筛板的尺寸：长为430mm，宽为150mm。

筛孔长度：顶层为25mm，下面为22mm。

筛孔宽度：Ⅰ号筛为2.8mm，Ⅱ号筛为2.5mm，Ⅲ号筛为2.2mm。

筛孔的数目：Ⅰ号筛为28×13，Ⅱ号筛为30×13，Ⅲ号筛为32×13。

(2)天平　感量0.1g。

2. 操作

(1)用天平称取100.0g大麦，精确至0.1g。

(2)将麦粒倒在2.8mm的筛网上，并盖上盖子。

(3)时间选定5min，接通电源，启动筛子。

(4)5min后，筛子自动停止，分别称量2.8mm以上、2.5~2.8mm、2.2~2.5mm及底盘上的麦粒质量。

(5)所有夹杂物应拣出后归于筛底部分(等外品)称其质量。

(6)另取100.0g大麦，做平行实验。

3．计算

Ⅰ类大麦 = Ⅰ号筛（2.8mm）+ Ⅱ号筛（2.5mm）上的麦粒总质量

Ⅱ类大麦 = Ⅲ号筛（2.2mm）上麦粒的质量

等外品（瘪大麦）= 底板上麦粒及杂质的总质量

所得结果表示至一位小数。

例如，100.0g 大麦进行选粒试验，Ⅰ号筛上（2.8mm）43.9g，Ⅱ号筛上（2.5mm）46.1g，Ⅲ号筛上（2.2mm）8.8g，底板 1.2g。

$$\text{Ⅰ类大麦含量（\%）} = \frac{43.9 + 46.1}{100} \times 100 = 90.0\%$$

$$\text{Ⅱ类大麦含量（\%）} = \frac{8.8}{100} \times 100 = 8.8\%$$

$$\text{等外品（瘪大麦）含量（\%）} = \frac{1.2}{100} \times 100 = 1.2\%$$

4．注意事项

因大麦吸水会膨胀，颗粒也会增大，因此，此试验应结合大麦的含水量进行评价。

五、物理检验记录

物理检验记录见表 1－5。

表 1－5　物理检验记录

项目	实验记录					结果	要求
		1	2	3	平均值		
百升质量	0.25L 大麦的质量						68～75kg/hL，低于 65kg/hL 的大麦不宜使用
千粒质量	1000 粒大麦的质量						风干千粒质量：40～45g；绝干千粒质量：38～40g
	风干千粒质量						
	千粒质量（绝干）						
切粒试验	粉状麦粒数						粉状粒 >80%
	半玻璃质状麦粒数						
	玻璃质状麦粒数						
水浸试验	粉状麦粒数						
	半玻璃质状麦粒数						
	玻璃质状麦粒数						
选粒试验	Ⅰ号筛						Ⅰ类大麦 >90%，等外品 2%～3%
	Ⅱ号筛						
	Ⅲ号筛						
	底板						

第五节　大麦的生理特性检验

一、发　芽　率

发芽率是指有生命力的麦粒占麦粒总数的百分率，发芽率与大麦是否度过休眠期无关。

发芽率是大麦最重要的生理特征，因为只有有生命力的麦粒才能发芽，酶才能增长，胚乳才能溶解。没有生命力的大麦不能发芽变成麦芽，内容物不能溶解，并且在制麦过程中吸水后易被微生物感染，影响啤酒的口味。发芽率低的大麦制成的麦芽对粉碎、糖化、发酵、啤酒的过滤及成品啤酒的质量有严重的影响。

（一）引起大麦发芽率低的原因

（1）大麦的品种及大麦生长的气候和土壤条件。

（2）成熟时期、收割时期气候不宜，特别是在此期间下过雨。

（3）大麦贮藏不当，贮藏水分过高。

（4）受病虫害危害或受伤。

（5）大麦过于陈旧，大麦越陈旧发芽率越低，过了夏天的大麦发芽率总是较低，而且难以发芽。

（二）测定方法

方法一：半粒染色法

1. 原理

有生命力的麦粒，通过其具有的还原酶和相应辅酶的作用，可以将无色的三苯基四唑氯化物还原为猩红色，用以鉴别有生命力的麦粒。

2. 试剂

（1）A 溶液（10g/L）　称取 1.0g 2，3，5－三苯基四唑氯化物溶于 100mL 水中。此溶液应在暗处配制，溶解时不能加热，置于深棕色瓶中存放于暗处。

（2）B 溶液（3g/L）　称取 0.3g 2－对碘苯－3－对硝基苯－5－苯四唑氯化物（又名碘硝基四唑氯化物）溶于 100mL 水中。此溶液应在暗处配制，溶解时不能加热，置于深棕色瓶中存放于暗处。

3. 仪器

（1）纵切粒器或剪刀。

（2）真空泵或抽气泵。

（3）试管。

（4）放大镜。

4．操作

（1）取大麦样品 100 粒，用纵切粒器或剪刀沿麦粒纵面切成两半，弃去一半，另一半放入试管中，加入 A 溶液或 B 溶液到浸没全部的半粒大麦。

（2）用水抽气泵或真空泵在暗处一面抽出试管内的空气，一面轻击试管 3～4min，关掉抽气泵，开塞，让空气进入试管。

（3）若用 A 溶液，则把试管放在 40℃水浴中保温 0.5h，取出后观察，红色为有生命力的麦粒。

（4）若使用 B 溶液，应立即取出染色后的半粒，放在一潮湿的滤纸上，用小刀刮去表面上的死组织薄膜，用放大镜观察，红色为有生命力的麦粒，没有生命力的麦粒不能被染色，计算百分率。

（5）做平行试验。

5．计算

$$发芽率（\%）=\frac{100-n}{100}\times 100$$

式中 n——未染色的麦粒数

所得结果表示至整数。

同一样品两次测定结果的绝对差值不得超过算术平均值的 2%。

6．注意事项

此方法可以用德国 Foss 公司生产的 Vitaskop 发芽率测定仪，使上述实验自动化，所用试剂为碘硝基四唑氯化物（B 溶液），可 10min 获得结果。

方法二：过氧化氢法

1．仪器

（1）不锈钢过滤网。

（2）解剖针。

（3）一般玻璃仪器。

2．试剂

0.75% 过氧化氢溶液：取 5mL 30% 过氧化氢溶液用水稀释至 200mL，摇匀。本溶液应使用前临时配制。

3．操作

（1）用取样法取 500 粒大麦，分别放入新配制的 200mL 0.75% 过氧化氢溶液中。

（2）在 18～20℃浸泡 48h。

（3）滤去溶液，换新鲜配制的 200mL 0.75% H_2O_2 溶液在 18～20℃再浸渍 48h。

（4）滤去溶液，数出未发芽的麦粒数。

（5）发芽粒数超过 95%，即可按下式计算发芽率。

（6）发芽粒数不足 95%，或者欲得到更精确的结果，则将未发芽的麦粒用一解剖针在胚的边缘插进麦粒的谷皮下，沿皮扫过一圈，让麦皮离开麦粒，轻擦麦粒胚部，使白色的胚充分裸露。剥皮后的麦粒放在湿润的滤纸上于 18 ~ 20℃再发芽 24h，数出未发芽的麦粒数。

（7）做平行实验。

4．计算

$$发芽率(\%) = \frac{500-n}{500} \times 100$$

式中　n——未发芽的麦粒数

所得结果表示至整数。

同一样品两次测定结果的绝对差值不得超过算术平均值的 3%。

二、发　芽　力

发芽力是指在实验时间内（3d 或 5d），在正常的发芽条件下发芽的麦粒占麦粒总数的百分率。

（一）发芽力测定的目的

（1）发芽力反映大麦在 3d 和 5d 起发的情况。

（2）发芽力是大麦健康状况的标志。

（3）发芽力是制麦成功的标志。

（二）测定方法

方法一：普通发芽法

1．试剂

饱和石灰水：在水中加入生石灰（氧化钙），边加边搅拌，直到加入的生石灰不再溶解，呈饱和状态时为止，静置至澄清后，取上清液备用。

2．仪器

（1）奥氏发芽箱。

（2）玻璃板　20cm × 20cm。

（3）滤纸、烧杯。

3．操作

（1）取大麦 500 粒，放入约 60mL 饱和石灰水中于 18 ~ 20℃浸渍 1h，并搅拌。

（2）倒出石灰水，用自来水冲洗 5 次，在 18 ~ 20℃的水中浸泡 2 ~ 5h，倒去水。

（3）在玻璃板上放一张湿润的滤纸，将浸泡后的大麦倒在滤纸上并均匀摊平，再盖上一张湿润的滤纸，放入奥氏发芽箱。

（4）在 18 ~ 20℃发芽，并每天检查，用水润湿，但不能过湿。

（5）3d 后，去除已发芽的麦粒，数出未发芽的麦粒数，并放回滤纸继续发芽，计算 3d 的发芽力。

（6）5d 后再数出未发芽的麦粒数，计算其 5d 的发芽力。

4. 计算

$$3d\text{的发芽力}(\%) = \frac{500 - n_1}{500} \times 100$$

$$5d\text{的发芽力}(\%) = \frac{500 - n_2}{500} \times 100$$

式中 n_1——3d 未发芽的麦粒数

n_2——5d 未发芽的麦粒数

所得结果表示至整数。

同一样品两次测定结果的绝对差值不得超过算术平均值的 2%。

方法二：漏斗法

1. 仪器

（1）漏斗 直径 100mm，在颈部放一段平头玻璃棒（使水能流出，而麦粒不能掉下）。

（2）培养皿盖 直径大于 100mm。

（3）烧杯 500mL。

（4）喷雾器。

（5）不锈钢丝网。

2. 操作

（1）取 1000 粒大麦样品，放入大烧杯中，用 18～20℃ 自来水（或饱和石灰水）浸渍 1h。

（2）倒去水，用自来水洗 5 次，再用 18～20℃ 的水浸渍 6h。

（3）大麦在不锈钢丝网上控水，并将麦粒转移到漏斗中，盖上培养皿盖，以防止水分蒸发，在 18～20℃ 下静置过夜。

（4）次日将麦粒倒在不锈钢丝网上，用喷雾器喷水，使麦粒润湿，再装回漏斗中。此操作每天应进行两次，两次操作间隔时间为 10～12h。

（5）自浸渍起 72h 和 120h，分别数出未发芽的麦粒数。

（6）做平行试验。

3. 计算

$$3d\text{的发芽力}(\%) = \frac{500 - n_1}{500} \times 100$$

$$5d\text{的发芽力}(\%) = \frac{500 - n_2}{500} \times 100$$

式中 n_1——3d 未发芽的麦粒数

n_2——5d 未发芽的麦粒数

所得结果表示至整数。

同一样品两次测定结果的绝对差值不得超过算术平均值的 2%。

方法三：培养皿法

1．仪器

（1）培养皿　直径100mm。

（2）滤纸　直径90mm（中速）。

（3）恒温恒湿培养箱。

2．操作

（1）放两张直径90mm的中速滤纸于培养皿底部，正确加入4.0mL水使滤纸均匀湿润。

（2）取100粒大麦样品放在滤纸上，使每一麦粒的胚乳充分与滤纸接触，盖上培养皿盖，放入恒温恒湿培养箱，在18～20℃于暗处静置发芽。

（3）72h和120h分别数出未发芽的麦粒数，计算发芽力。

3．计算

$$3\text{d的发芽力（\%）} = \frac{500 - n_1}{500} \times 100$$

$$5\text{d的发芽力（\%）} = \frac{500 - n_2}{500} \times 100$$

式中　n_1——3d未发芽的麦粒数

n_2——5d未发芽的麦粒数

所得结果表示至整数。

同一样品两次测定结果的绝对差值不得超过算术平均值的3%。

三、水　敏　性

大麦的水敏性是指大麦吸收较多的水分后抑制发芽的现象。大麦水敏性试验的结果能体现发芽开始时大麦对水的承受能力，以确定合理的制麦工艺。

水敏性低的大麦在制麦时有优越性，但不能说水敏性强的大麦就是质量绝对差的大麦，因为在制麦时采取相应的工艺措施，水敏性强的大麦也可以得到理想的麦芽。

（一）影响大麦水敏性的因素

（1）大麦的成熟状况（占30%）。

（2）收割前的环境气候（占55%）。

（3）大麦的品种（占15%）。

（二）测定方法

1．原理

取两份样品，分别加入4.0mL和8.0mL水，保温发芽，两份发芽麦粒的百分数之差，即为水敏性。

2．仪器

（1）培养皿　直径100mm。

（2）滤纸　直径90mm（中速）。

（3）刻度吸管　分度值0.1mL。

3. 操作

（1）数出未受损的大麦样品100粒两份。

（2）取两只培养皿，分别将两张直径90mm的中速滤纸放入培养皿的底部。

（3）在一只培养皿中加入4.0mL水，另一只中加入8.0mL的水，并做好记号。

（4）在两只培养皿中分别均匀平放100粒大麦，使胚部接触湿润的滤纸。

（5）盖上培养皿盖，在18～20℃下，于暗处发芽。

（6）在浸渍开始后24h、48h和72h各拣除一次已发芽的麦粒。

（7）120h后，分别数出加水4.0mL和8.0mL的培养皿中未发芽的麦粒数，计算发芽的百分率。

（8）此试验应同时进行3～5次平行试验，取其平均值。

4. 计算

$$X_1 = \frac{100 - n_1}{100} \times 100$$

$$X_2 = \frac{100 - n_2}{100} \times 100$$

$$水敏性（\%） = X_1 - X_2$$

式中　X_1——试样加4.0mL水，120h发芽麦粒的百分数，%

X_2——试样加8.0mL水，120h发芽麦粒的百分数，%

n_1——试样加4.0mL水，120h未发芽的麦粒数

n_2——试样加8.0mL水，120h未发芽的麦粒数

例如，120h后，加4mL水的培养皿中还有3粒未发芽，加8mL水的培养皿中还有20粒未发芽，则水敏性=97%－80%=17%。

所得结果表示至整数。

同一样品两次测定结果的绝对差值不得超过算术平均值的3%。

四、吸水能力

大麦的吸水能力是指在一定的时间内（72h），特定的浸渍条件下，麦粒能够吸收水的量（浸麦度）。

（一）大麦吸水能力试验的目的

（1）大麦的吸水能力反映大麦的成熟程度。

（2）大麦的吸水能力反映了大麦酶的活力，大麦酶活力越高，吸水能力越强。

（3）大麦的吸水能力给出了大麦的吸水速度，吸水能力强，则表明大麦在短时间内可以达到相应的浸麦度，吸水能力低，则达到相应的浸麦度所需时间就长一些。

（二）大麦吸水能力的影响因素

（1）大麦的后成熟程度（包括休眠期）。

（2）大麦的品种。

（3）大麦的产地（土壤）。

（4）大麦的生长气候。

（三）测定方法

1. 仪器

（1）天平　感量0.1g。

（2）小网眼篮子。

（3）滤纸。

（4）烧杯　500mL。

2. 操作

（1）称取50.0g大麦置于一小网眼篮子中。

（2）按表1－6的工艺进行浸渍，浸麦温度15～17℃。

表1－6　浸麦工艺

浸麦天数	湿浸渍时间/h	空气休止时间/h
第一天	6	18
第二天	3	21
第三天	3	21

（3）每隔24h，用滤纸或吸水纸吸干麦粒表面水，称量，计算浸麦度。

3. 计算

$$\text{总水量} = \text{浸渍后的总质量} - \text{大麦的干质量}$$

$$\text{浸麦度（\%）} = \frac{\text{总水量（g）}}{\text{总质量（g）}} \times 100$$

例如，大麦的水含量为12.0%，浸麦的质量为50.0g，则大麦的干质量为：$50 \times (1-12\%) = 44$（g）。

浸麦后的总质量：24h　65.6g，48h　76.8g，72h　87.8g。

$$\text{24h 浸麦度（\%）} = \frac{65.6-44}{65.6} \times 100 = 32.9\%$$

$$\text{48h 浸麦度（\%）} = \frac{76.8-44}{76.8} \times 100 = 42.7\%$$

$$\text{吸水能力} = \text{72h 浸麦度（\%）} = \frac{87.8-44}{87.8} \times 100 = 49.9\%$$

五、大麦生理检验记录表

大麦生理检验记录表见表1－7。

表1－7　大麦生理检验记录表

项目	实验记录					结果	要求
		1	2	3	平均值		
发芽率	染色法未发芽的麦粒						发芽率>96%
	过氧化氢法未发芽的麦粒						
发芽力	普通发芽法3d未发芽的麦粒						5d发芽力>95%，3d发芽力与5d发芽力应该彼此接近
	普通发芽法5d未发芽的麦粒						
	漏斗法3d未发芽的麦粒						
	漏斗法5d未发芽的麦粒						
	培养皿法3d未发芽的麦粒						
	培养皿法5d未发芽的麦粒						
水敏性	加4mL水未发芽的麦粒数						>45%水敏性很强，26%～45%水敏性较强，11%～25%水敏性较小，<10%水敏性很小
	加8mL水未发芽的麦粒数						
吸水能力	浸麦24h后大麦的质量						>50%吸水能力很好，47.6%～50%吸水能力好，45%～47.5%吸水能力良，<45%吸水能力不好
	浸麦48h后大麦的质量						
	浸麦72h后大麦的质量						

第六节　大麦的化学检验

一、大麦水含量的测定

大麦的水含量是大麦重要的经济指标，在大麦分析中必须用水含量来计算干物质的含量。大麦的水含量会影响大麦的贮藏，水含量高的大麦容易被微生物侵蚀，水含量过低会使大麦失去结合水。

方法一：标准干燥法

1. 原理

大麦经粉碎后在（106±1）℃的恒温下，烘干至干燥，其水分挥发，通过质量的差值，计算其含水量。

2. 仪器

（1）DLFU 盘式粉碎机　磨间距 0.2mm。

（2）恒温干燥箱　（106±1）℃电热干燥箱，将干燥箱预热至（106±1）℃，把研细并通过 1mm 筛孔的纯硫酸铜（$CuSO_4 \cdot 5H_2O$）盛于蒸发皿中，放入干燥箱 30min 后至少应失重 21%，最好失重 25%，干燥箱为合格。

（3）称量瓶　直径约 50mm，深度不大于 30mm。

（4）干燥器　用变色硅胶作干燥剂。

（5）分析天平　感量 0.1mg。

3. 操作

（1）样品的粉碎

① 刷磨：用毛刷将 DLFU 盘式粉碎机刷干净，调整磨间距至 0.2mm。

② 洗磨：加入少量的大麦样品进行粉碎，弃去麦粉。

③ 取约 30g 样品倒入粉碎机中进行细粉碎，混合均匀，装入一干燥的密封容器中（常用大称量瓶）。

（2）测定

① 用分析天平准确称取混合均匀的细粉碎样品 3～5g，置于干燥至质量恒定的称量瓶中，精确至 0.0001g，并记录。

② 将称量瓶置于已预热至（106±1）℃的干燥箱中，取下盖，干燥 3h。

③ 趁热将称量瓶盖好，取出，放入干燥塔中，冷却 30min 后称量。

④ 再重新放入干燥箱中干燥 1h，冷却后称量，直至质量恒定。

4. 计算

$$水分含量（\%）=\frac{m_1-m_2}{m_1-m}\times 100$$

式中　m——称量瓶的质量，g

m_1——干燥前称量瓶和样品的质量，g

m_2——干燥后称量瓶和样品的质量，g

所得结果表示至一位小数。

同一样品两次测定结果的绝对差值不得超过算术平均值的 2%。

5. 注意事项

（1）干燥期间，干燥箱门不得打开，干燥箱内除大麦样品外不得同时干燥其他物品。

（2）干燥温度要严格控制在（106±1）℃，时间为3h。

（3）干燥塔内的硅胶应定期检查，如为粉红色则应及时更换。

（4）应做平行试验，取其平均值。

（5）如果大麦的水含量高于17%，粉碎前应预干燥，即将整粒大麦在45～50℃干燥3～4h，然后再按上述步骤进行操作，并按下式计算其水分。

$$W = W_1 + W_2 - \frac{W_1 W_2}{100}$$

式中 W——100g原大麦的水含量，g

W_1——100g原大麦在预干燥中失去的水的质量，g

W_2——100g预干燥后的大麦含水的质量，g

方法二：快速干燥法

1. 原理

大麦粉碎后在（130±1）℃的恒温下，烘干至干燥，其水分挥发，通过质量的差值，计算其含水量。

2. 仪器

同方法一。

3. 操作

（1）样品的粉碎　同方法一。

（2）测定

① 用分析天平准确称取混合均匀的粉碎样品3～5g于干燥至质量恒定的称量瓶中，精确至0.0001g，并记录。

② 称量瓶置于已预热至130℃的干燥箱中，将盖取下，干燥1h。

③ 趁热将称量瓶盖好，取出，放入干燥塔中，冷却30min后称量。

4. 计算

同方法一。

二、大麦蛋白质含量的测定

大麦蛋白质含量应适中。蛋白质含量过高，对麦芽的制备、啤酒的酿造及成品啤酒的风味及稳定性都会带来严重的不良影响；大麦的蛋白质也不应过低，否则会造成啤酒的泡沫差、麦汁中的α-N的含量低、发酵困难、双乙酰含量高、啤酒的口味淡薄等。

1. 原理

样品中氮含量的测定通常使用凯氏定氮法。凯氏定氮法分为以下三步。

（1）消化　样品在催化剂的作用下与浓硫酸共热，使有机物破坏，其中的碳水化合物在分解开始时脱水炭化，使溶液呈黑色。

$$(C_6H_{10}O_5)_x \xrightarrow{\text{浓硫酸}} 6xC + 5xH_2O$$

$$C + 2H_2SO_4 \rightleftharpoons 2H_2O + CO_2\uparrow + 2SO_2\uparrow$$

试样中的含氮物质首先在浓硫酸作用下分解为氨基酸。

$$[RCH(NH_2)COOH]_n \xrightarrow{\text{浓硫酸、催化剂}} nRCH(NH_2)COOH$$

氨基酸与硫酸作用转化为氨。

$$RCH(NH_2)COOH + 2H_2SO_4 \xrightarrow{\text{浓硫酸、催化剂}} 2CO_2\uparrow + NH_3\uparrow + 2SO_2\uparrow + RH + 2H_2O$$

氨与H_2SO_4反应生成硫酸铵。

$$2NH_3 + H_2SO_4 \rightleftharpoons (NH_4)_2SO_4$$

消化完成时，溶液呈透明的淡蓝色（或绿色）。

（2）蒸馏　消化后的溶液冷却后，加入水和过量的 NaOH 溶液进行蒸馏，硫酸铵与 NaOH 作用生成氨气并随馏出液蒸出，用硼酸溶液吸收生成四硼酸铵。

$$(NH_4)_2SO_4 + 2NaOH \rightleftharpoons Na_2SO_4 + 2NH_3\uparrow + 2H_2O$$

$$2NH_3 + 4H_3BO_3 \rightleftharpoons (NH_4)_2B_4O_7 + 5H_2O$$

（3）滴定　四硼酸铵用盐酸标准溶液滴定。

$$(NH_4)_2B_4O_7 + 2HCl + 5H_2O \rightleftharpoons 2NH_4Cl + 4H_3BO_3$$

用溴甲酚绿－甲基红混合指示剂指示终点，当指示剂溶液由绿色变为灰色即为终点，根据所消耗盐酸标准溶液的体积和浓度计算样品中氮物质的含量和蛋白质的含量。

2. 试剂

（1）96% ~98% 的硫酸（不含氮）。

（2）不含氨的蒸馏水　在 1L 蒸馏水中加 0.1mL 浓硫酸，重蒸馏制得的水不含氨。

（3）混合催化剂

钛混合催化剂 $K_2SO_4:CuSO_4:TiO_2 = 100:3:3$；

硒混合催化剂（进口片剂）$K_2SO_4:CuSO_4:Se = 100:6:1$。

（4）33% NaOH 溶液　称取 500g 氢氧化钠溶于 1L 水中，静置，取上清液贮存于塑料瓶中，备用。

（5）20g/L H_3BO_3溶液　称取 2g 硼酸用水溶解稀释至 100mL。

（6）溴甲酚绿－甲基红混合指示剂　称取 0.1g 溴甲酚绿溶解于 100mL 95% 酒精溶液中；另取 0.1g 甲基红溶解于 100mL 95% 酒精溶液中。两溶液按 10:4 的体积比进行混合。此指示剂在酸性溶液中呈粉红色，在碱性溶液中呈绿色，此实验终点为灰色。

（7）0.1mol/L HCl 标准溶液　配制和标定同第二章第四节水碱度测定。

（8）纯 *N*－乙酰苯胺　于 80℃真空干燥。

（9）纯蔗糖。

3. 仪器

（1）凯氏定氮瓶。

（2）凯氏消化装置（放入通风柜中）如图1－2所示。

图1－2 凯氏消化装置

（3）凯氏蒸馏器。

（4）天平 感量0.1mg。

（5）DLFU盘式粉碎机。

（6）滴定管等常用玻璃仪器。

4. 操作

（1）样品的粉碎

取混合均匀的大麦样品用DLFU盘式粉碎机选用0.2mm的磨间距进行细粉碎。

（2）样品的消化

① 准确称取1.5g（精确至0.0002g）混合均匀的粉碎样品，放入干燥的凯氏定氮瓶中。另用一定氮瓶做空白实验，并做平行试验，同时测定水含量。

② 加入10g钛催化剂或硒催化剂或一片硒催化剂。

③ 小心加入20mL浓硫酸，边加边转动定氮瓶，并将瓶壁上的麦粉冲至瓶底。

④ 将定氮瓶放在消化器上，在通风柜内先小火加热至无泡沫，再大火加热至溶液变为透明，再加热20min。

（3）蒸馏

① 待消化液冷却后，缓慢加入约250mL蒸馏水，摇匀，冷却。

② 连接烧瓶与蒸馏装置，打开冷却水，将馏出管尖端插入已盛有25mL硼酸溶液0.5mL溴甲酚绿混合指示剂的锥形瓶中，馏出管尖端应在液面以下。

③ 在烧瓶中加入数粒玻璃珠或锌粒，通过漏斗缓缓加入70mL 33% NaOH溶液。

④ 加热蒸馏，蒸馏出约150mL时，将锥形瓶放低一点使馏出管尖端离开液体。

⑤ 馏出液达到180mL时，停止蒸馏，用水冲洗馏出管尖端。

（4）滴定 馏出液用盐酸标准溶液滴定到溶液由绿色变为灰色为终点，记录消耗盐酸标准溶液的体积（mL）。

5. 计算

$$\text{总氮含量（\%）}=\frac{c\ (V_2-V_1)\ \times 14}{m\ (1-w)\ \times 1000}\times 100$$

$$\text{蛋白质含量（\%）}=\text{氮含量（\%）}\times 6.25$$

式中 V_1——空白测定中消耗盐酸标准溶液的体积，mL

V_2——样品测定中消耗盐酸标准溶液的体积，mL

c——盐酸标准溶液的浓度，mol/L

m——样品的质量，g

w——样品中水分的质量分数,%

14——氮的摩尔质量，g/mol

6.25——大麦中氮与蛋白质的转换系数

计算结果取两位小数。

同一样品两次测定结果的绝对差值不得超过算术平均值的4%。

6. 注意事项

（1）消化前加浓硫酸时应将附着在管壁上的样品粉末冲至定氮管的底部。

（2）消化开始时应小火加热，以免泡沫窜出。

（3）蒸馏时，一定要将定氮瓶、冷凝管及收集装置都连接好，将馏出管尖端插在接收液液面以下。先打开冷却水，再加 NaOH 溶液，并检查各部位的连接是否严密，然后开始蒸馏。

（4）蒸馏完毕，应先将收集瓶取出，再停止加热，以防止馏出液倒吸。

（5）要检查结果的准确度，可用干燥过的纯 N－乙酰苯胺进行对照试验，在两个凯氏烧瓶中分别加入0.200g和0.020g N－乙酰苯胺和1g纯蔗糖，同样品一样消化、蒸馏和滴定。其结果对照 N－乙酰苯胺的含氮量（10.36%）而言，第一瓶回收率应不小于99.5%，第二瓶回收率应不小于98%。如果达不到要求，应对盐酸标准溶液进行标定，检查消化的温度和蒸馏装置的密封性等。

三、化学检验记录

化学检验记录见表1－8。

表1－8　化学检验记录表

项目	实验记录					计算结果	正常值
		1	2	3	平均值		
水含量	干燥前称量瓶＋麦粉的质量/g						<13%
	称量瓶的质量/g						
	麦粉的质量/g						
	干燥后称量瓶＋麦粉的质量/g						
蛋白质	取样前称量瓶＋麦粉的质量/g						9.0%～11.5%，界限值 8%～13.5%
	取样后称量瓶＋麦粉的质量/g						
	麦粉的质量/g						
	V_2/mL						
	V_1/mL						

复习思考题

1. 对袋装大麦样品应如何取样?

2. 购买大麦时首先在感官上要做哪些分析?

3. 哪些因素会影响大麦的百升质量?

4. 测定大麦的千粒质量有什么意义?

5. 选粒试验是大麦最重要的机械物理检验，从选粒试验可得到哪三个重要信息?

6. 怎样得到大麦的暂时性玻璃质?

7. 为什么要测定大麦的吸水能力?

8. 什么是大麦的发芽率? 为什么大麦的发芽率对啤酒酿造有至关重要的作用?

9. 什么是发芽力? 它与发芽率有何区别?

10. 什么是大麦的水敏性? 为什么要测定大麦的水敏性?

11. 使用水敏性强的大麦制麦时应采取什么相应的措施?

12. 水敏性强的大麦在制麦时处理不当会带来什么后果?

13. 大麦蛋白质含量的高低对啤酒酿造有什么影响?

14. 简述大麦蛋白质的测定原理，写出化学反应式。

15. 列出酿造大麦的质量标准。

16. 测定大麦蛋白质时，称取大麦粉 1.4205g (w = 10.98%)，经消化、蒸馏后，用 0.1025mol/L HCl 标准溶液滴定，消耗 14.85mL HCl 标准溶液，空白消耗 HCl 标准溶液 0.20mL，计算此大麦的蛋白质含量。

17. 测定大麦水含量，称得干燥前大麦粉和称量瓶总质量 40.3568g，干燥后称量瓶和麦粉的总质量为 39.8756g，空称量瓶质量 35.8972g，计算此大麦的水含量。

第二章 水分析

知识目标

1. 通过本章的学习掌握水分析中的基本概念；
2. 掌握水碱度测定的原理及各种碱度的滴定曲线、测定方法；
3. 掌握水硬度测定的原理和测定方法；
4. 正确进行水碱度和硬度的计算；
5. 了解水中氯离子的测定原理；
6. 了解水中CO_2的存在形式和游离CO_2的测定和计算；
7. 掌握酿造用水的水质要求。

技能目标

1. 通过本章的学习掌握容量分析的基本操作、实验技能和技巧；
2. 准确进行水的全分析；
3. 正确进行水分析数据的处理；
4. 正确地评价酿造用水的水质。

第一节　酿造用水的质量要求

水是啤酒酿造的主要原料之一，水在四大生产原料中使用量最大，水质对啤酒的风味质量具有不可低估的重要性，人们常说水是啤酒的“血液”就表明了水的性质决定啤酒的质量和风味。因此，全面分析水的组成，是啤酒酿造过程中的一项重要工作。

啤酒酿造用水没有现行的国家标准和行业标准，但啤酒酿造用水必须符合

GB 5749—2006《生活饮用水卫生标准》中饮用水在感官、理化、微生物以及化学方面的要求，此外还要满足啤酒酿造工艺方面的要求。

一、生活饮用水的标准

生活饮用水的标准见表 2 - 1。

表 2 - 1 GB 5749—2006《生活饮用水卫生标准》（摘要）

指标	限值
1. 微生物指标①	
总大肠菌群/（MPN/100mL 或 CFU/100mL）	不得检出
耐热大肠菌群/（MPN/100mL 或 CFU/100mL）	不得检出
大肠埃希菌/（MPN/100mL 或 CFU/100mL）	不得检出
菌落总数/（CFU/mL）	100
2. 毒理指标	
砷/（mg/L）	0.01
镉/（mg/L）	0.005
铬（6 价）/（mg/L）	0.05
铅/（mg/L）	0.01
汞/（mg/L）	0.001
硒/（mg/L）	0.01
氰化物/（mg/L）	0.05
氟化物/（mg/L）	1.0
硝酸盐（以 N 计）/（mg/L）	10 地下水源限制时为 20
三氯甲烷/（mg/L）	0.06
四氯化碳/（mg/L）	0.002
溴酸盐（使用臭氧时）/（mg/L）	0.01
甲醛（使用臭氧时）/（mg/L）	0.9
亚氯酸盐（使用二氧化氯消毒时）/（mg/L）	0.7
氯酸盐（使用复合二氧化氯消毒时）/（mg/L）	0.7
3. 感官性状和一般化学指标	
色度（铂钴色度单位）	15
浑浊度（散射浑浊单位）/NTU	1 水源与净水技术条件限制时为 3
臭和味	无异臭、异味
肉眼可见物	无

续表

指标	限值
pH	不小于6.5且不大于8.5
铝/（mg/L）	0.2
铁/（mg/L）	0.3
锰/（mg/L）	0.1
铜/（mg/L）	1.0
锌/（mg/L）	1.0
氯化物/（mg/L）	250
硫酸盐/（mg/L）	250
溶解性总固体/（mg/L）	1000
总硬度（以 $CaCO_3$）/（mg/L）	450
耗氧量（COD_{Mn}法，以 O_2 计）/（mg/L）	3 水源限制，原水耗氧量 >6mg/L 时为5
挥发酚类（以苯酚计）/（mg/L）	0.002
阴离子合成洗涤剂/（mg/L）	0.3
4. 放射性指标②	指导值
总 α 放射性/（Bq/L）	0.5
总 β 放射性/（Bq/L）	1

注：① MPN 表示最可能的数；CFU 表示菌落形成的单位。当水样检出总大肠菌群时，应进一步检验大肠埃希菌或耐热大肠菌群；水样未检测出总大肠菌群，不必检测大肠埃希菌或耐热大肠菌群。

② 放射性指标超过指导值，应进行核素分析和评价，判定能否饮用。

二、酿造用水的质量要求

酿造用水的质量要求见表2－2。

表2－2　酿造用水的质量要求

水质检测项目	理想要求	最高限值
色	无色	无色
透明度	透明无沉淀	透明无沉淀
气味	50℃无异臭	50℃无异臭
味	20℃无异味	20℃无异味
pH	6.8～7.2	6.5～7.8
P 值	<0.2	<0.2
M 值	<1.0	<1.0

续表

水质检测项目	理想要求	最高限值
碳酸盐硬度/°d	0~2	<5
非碳酸盐硬度/°d	2~5	<7
总硬度/°d	2~7	<12
钙: 镁	(2.5~3) :1	
残留碱度/°d	≤0	<5
氯化物 (Cl^-) / (mg/L)	20~60	80
腐蚀性 CO_2/ (mg/L)	0	<15
NO_3^- / (mg/L)	<10	<10
SO_4^{2-} / (mg/L)	50	
铁/ (mg/L)	<0.05	
锰盐/ (mg/L)	<0.03	
锌/ (mg/L)	0.15	
杀虫剂/ (mg/L)	<0.001	

第二节　水样的采集和保存

各种水体的水质很少是稳定不变的，而是随着进入水体的物质而变化。为使采集的水样有代表性，必须对被监测水样的采样位置、采样时间及样品数量等进行周密的调查和设计，使采集的水样经过分析所得到的数据能真正反映水体的实际情况。这对啤酒酿造非常重要。

一、取样工具和取样量

1. 取样工具

取样瓶一般为具有无色磨口塞的硬质玻璃细口瓶或聚乙烯塑料瓶，瓶口应能完全密封。

2. 取样量

一般物理与化学分析需水样 2000mL。

二、取样方法

取样时应考虑可能影响水质的全部因素，包括地理的、水文的及城市居民与工农业生产等方面的人为因素以及这些因素可能的变化情况，并做好记录。对于不同的水源应采用不同的取样方法。

1. 自来水或管道阀下的取样

先打开水阀放水 10 ~ 15min，然后在阀门上套上橡皮管，继续放水数分钟后，把管另一端插入取样瓶的底部，开阀取样。

2. 井水和贮水池的取样

将取样瓶装在金属框中，将金属块或砖石系在框底，并用有刻度的绳子系住框架，用另一根绳子系在玻璃瓶瓶塞上，如图 2 - 1 所示。将金属框沉入水中，当取样瓶降落到预定深度时，拉起系在瓶塞上的绳子，打开瓶塞，取样。

3. 河、湖表面水的取样

将取样瓶浸入水面下 20 ~ 50cm 处打开瓶塞将水采入瓶中，水面较宽时应在不同的断面分别采集几个水样。

4. 泉水

一般泉水在经过充分抽汲之后，在喷口直接取样。

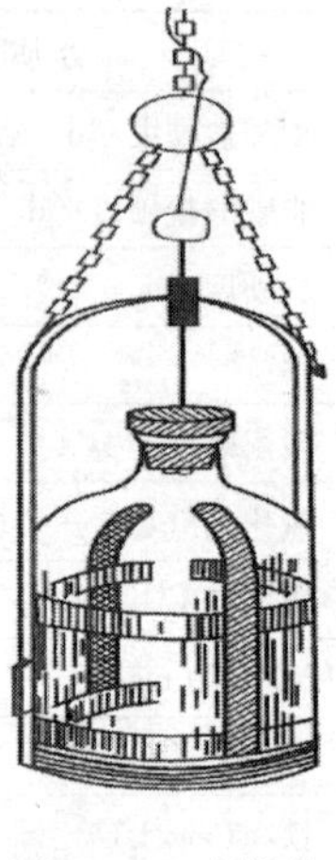

图 2 - 1　水样的采集装置

三、水样的保存

取样完后立即塞好瓶盖，若需长途运输，瓶口应完全密封，对每个样品均应贴好标签，注明取样时间、地点、周围环境及气象条件等。

水样中许多组分可能发生化学反应，从而改变其含量与性质。故取样后应从速分析，某些不稳定的项目更应首先分析，最好在取样现场测定。当水样不能马上分析时，应将水样放在不受阳光直接照射的阴凉处，供物理化学分析用的水样允许存放的时间为：

泉水和没有污染的水	72h；
清洁的河水和其他稍受污染的水	48h；
受污染的水	12h。

有些分析项目如不能及时进行分析，应采取控制 pH、按要求加入适当化学试剂、冷藏或冷冻保存。

第三节　酿造用水的感官评价和 pH

一、酿造用水的感官评价

1. 颜色

（1）操作

① 取两支同样规格的50mL比色管，其中一支加入50mL蒸馏水，另一支加入50mL水样，如样品浑浊，则应过滤后再检测。

② 将两个比色管放在白瓷板上，从上方观察其色泽。

③ 记录为无色、微黄色、微红色。

（2）要求　酿造用水必须无色，如呈微黄色则可能含有机物，如呈微红色可能含有铁锈等。

2. 透明度

透明度是指水样的澄清程度，透明度与浊度相反，水中存在悬浮物和胶体时透明度就会降低。

（1）操作

① 将200mL水样倒入500mL烧杯中，放在光线明亮的地方，从侧面观察。

② 记录为透明、乳色、浑浊或不透明。

（2）要求　酿造用水必须透明，如呈浑浊，则水中可能含有泥沙、黏土、有机物、氢氧化铁、氢氧化铝等胶体。

3. 气味

（1）操作

① 摇动装一半体积水样的瓶，闻味，如没有感觉到任何气味，记录“气味正常”。

② 如不能确定其气味，则取适量的水样于小烧杯中，盖上表面皿，温热到40～60℃，取下表面皿，摇动再闻之，报告其强弱程度和气味。

（2）要求　无臭无味的水虽不能保证是安全的，但有利于使用者对水质的信任。酿造用水应无任何气味。如有异味，报告其强弱程度和气味。强度用微弱、弱、明显、强、很强报告；气味用氯气、焦油、酚、泥土、氨等报告。

4. 口味

（1）操作　样品的品尝试验最好在30℃进行，记录为正常、碱味、咸味、苦味、酸味、涩味等。如气味检验时已有明显的异味，则不需进行口味的品尝。

（2）要求　酿造用水应是无味的，水中溶解有杂质时，便可使水具有味道。

二、水pH的测定

1. 原理

在待测水样中插入特定的测量电极，组成工作电池，测量电极的电极电位随水中氢离子浓度的变化而变化，在室温（25℃）下工作电池的电动势满足能斯特方程：

$$E_{电池}=K-0.059\lg[H^+]$$

$$E_{电池}=K+0.059pH_{试}$$

在室温25℃时，溶液的pH每改变1个单位，电池的电动势改变59mV。通过测定电池的电动势，就可以得到溶液的pH。式中*K*在一定条件下为常数，用pH计测定时，需先用标准缓冲溶液进行校正，然后直接从pH计上读出试液的pH。

2. 试剂

(1) 不含二氧化碳的蒸馏水　将蒸馏水加热煮沸10~15min，冷却。

(2) 标准缓冲溶液　pH 4.00、pH 6.86、pH 9.18贮于塑料瓶中，可稳定2个月。以上三种标准缓冲溶液的pH随温度而稍有差异，其校正值见表2-3。

表2-3　pH标准缓冲溶液在不同温度时的标准值

温度/℃	pH4.00缓冲溶液	pH6.86缓冲溶液	pH9.18缓冲溶液
0	4.00	6.98	9.46
5	4.00	6.95	9.40
10	4.00	6.92	9.33
15	4.00	6.90	9.28
20	4.00	6.88	9.22
25	4.00	6.86	9.18
30	4.01	6.85	9.14
35	4.02	6.84	9.10
40	4.03	6.84	9.07

3. 仪器

(1) pH计　如图2-2所示。

(2) 测量电极。

(3) 塑料杯或玻璃杯。

图2-2　pH计

4. 操作

(1) 安装好酸度计，打开电源预热30min。

(2) 用两种不同pH的标准缓冲溶液按仪器说明书的要求校正和检验酸度计。校正时先选用pH6.86的标准缓冲溶液，再选用接近被测溶液pH的标准缓冲溶液，当被测溶液为酸性时应选择pH4.00的标准缓冲溶液，当被测溶液为碱性时应选择pH9.18的标准缓冲溶液。

(3) 取水样于100mL小烧杯中，用蒸馏水缓缓冲洗电极数次，再用水样润洗3~4次，然后将校正好的电极插入水样中，采用自动温度补偿或调节温度调节器，使之指示溶液的温度，缓缓摇动烧杯，待pH读数稳定后读数。

(4) 测量完毕用蒸馏水冲洗电极，按要求放好。

所得结果表示至两位小数。

平行测定结果之差小于0.1pH单位。

5. 注意事项

(1) 由于样品的pH常受空气中的CO_2等因素影响而改变，因此采集水样后应立即测定。

(2) 电极在使用前必须活化。测量完毕，应及时将电极保护套套上，电极套内应放有少量外参比补充液，以保证电极的活化，复合电极切忌浸泡在蒸馏水中。一般复合电极的外补充液为3mol/L氯化钾溶液。

(3) 使用前，先接通电源，预热30min。

(4) 电极的输入端（测量电极插座）必须保持干燥清洁。

(5) 测量时，电极的引入导线应保持静止，否则会引起测量不稳定。

(6) 一般情况下，仪器在连续使用时，每天要校正一次。

(7) 标准缓冲溶液不要反复使用和长时间存放。

第四节 水 碱 度

水碱度对评价水质及评价水处理的效果均有很重要的意义。水碱度直接影响糖化生产过程和麦汁的组成。

一、水碱度的组成、分类及表达形式

1. 水碱度

水碱度是指溶解在水中能与强酸发生中和作用的所有物质的总量，即被强酸滴定的所有物质的总量。

2. 碱度的分类

除一些含特殊碱类的工业废水外，大多数天然水、处理后的水碱度主要由氢氧化物（OH^-）、碳酸盐（CO_3^{2-}）、碳酸氢盐（HCO_3^-）组成。故把水碱度分为三类，水的总碱度是它们的总量。

3. 各种水质系的碱度组合类型

(1) 单独的氢氧化物（OH^-）。

(2) 氢氧化物与碳酸盐（$OH^- + CO_3^{2-}$）。

(3) 单独的碳酸盐（CO_3^{2-}）。

(4) 碳酸盐与碳酸氢盐（$CO_3^{2-} + HCO_3^-$）。

(5) 单独的碳酸氢盐（HCO_3^-）。

4. 碱度的表达形式

(1) *P*值 100mL水样以酚酞作指示剂，用盐酸标准溶液滴定至溶液变

为无色，所消耗 0.1mol/L 盐酸标准溶液的体积（mL）为 P 值，也称酚酞碱度。

（2）M 值　100mL 水样以甲基橙作指示剂，用盐酸标准溶液进行滴定至溶液由黄色变为橙色，所消耗 0.1mol/L 盐酸标准溶液的体积（mL）为 M 值，也称甲基橙碱度。

（3）总碱度（GA）　氢氧化物、碳酸盐、碳酸氢盐的总量。

（4）氢氧化物碱度　指水中 OH^- 的含量。

（5）碳酸盐碱度　指水中 CO_3^{2-} 形成的盐的总量。

（6）碳酸氢盐碱度　指水中 HCO_3^- 形成的盐的总量。

二、水碱度的测定

（一）测定原理

水碱度用酸碱中和滴定法进行测定，当水样用酸标准溶液滴定时，水中的各种碱物质与氢离子发生如下反应。

（1）氢氧化物碱度

$$OH^- + H^+ \rightleftharpoons H_2O$$

（2）碳酸盐碱度

$$CO_3^{2-} + H^+ \rightleftharpoons HCO_3^-$$

$$HCO_3^- + H^+ \rightleftharpoons CO_2 + H_2O$$

（3）碳酸氢盐碱度

$$HCO_3^- + H^+ \rightleftharpoons CO_2 + H_2O$$

用盐酸标准溶液滴定至酚酞由红色变为无色时，溶液由较高 pH 降到 pH8.3，所得的结果称为 P 值，此时表示水中全部的氢氧化物碱度（OH^-）已被中和，碳酸盐碱度（CO_3^{2-}）全部被转换为碳酸氢盐（HCO_3^-）。再加入甲基橙指示剂，用盐酸标准溶液滴定至甲基橙由黄色变为橙色时，溶液的 pH 约 4.4，表示水中原有的碳酸氢盐（HCO_3^-）以及由碳酸盐（CO_3^{2-}）转化而来的碳酸氢盐（HCO_3^-）已全部被中和，故滴定所得的结果为 M 值或总碱度。

（二）P 值的测定

1. 试剂

（1）0.1mol/L 盐酸标准溶液　量取 18mL 1∶1 的盐酸溶液，用不含 CO_2 的蒸馏水稀释至 1000mL，混匀，此溶液的浓度约为 0.1mol/L。

标定：取分析纯无水碳酸钠（Na_2CO_3）在 180℃ 烘烤 2h，在干燥器内冷却，准确称取 0.10～0.15g（精确至 0.0001g）于 250mL 锥形瓶内，同时称 3 份，各加入 50mL 蒸馏水溶解后，加入 1～2 滴甲基橙指示剂，用待标定的盐酸溶液滴定至橙色为终点。记录用量，按下式计算：

$$c=\frac{2\times m\times 1000}{106.0V}$$

式中 c——盐酸的浓度，mol/L

m——无水碳酸钠的质量，g

V——滴定消耗盐酸溶液的体积，mL

106.0——碳酸钠的摩尔质量，g/mol

（2）酚酞指示剂（1g/L） 称取0.1g酚酞（$C_{26}H_{14}O_4$）溶于95%乙醇溶液中，并用乙醇稀释至100mL。pH变色范围为8.0～9.8。

（3）蒸馏水 不含CO_2，pH应不低于6.0。

（4）0.1mol/L $Na_2S_2O_3$溶液（不标定）：称取25g硫代硫酸钠（$Na_2S_2O_3\cdot 5H_2O$）和5mL氯仿或0.2g碳酸钠防腐，于煮沸后冷却的蒸馏水中溶解，并稀释至1L，混匀。

2. 仪器

（1）酸式滴定管 25mL或50mL。

（2）锥形瓶 250mL。

（3）移液管 100mL。

3. 操作

（1）吸取100.00mL水样于250mL锥形瓶中，加入2～3滴酚酞溶液。

（2）若水样呈红色，用0.1mol/L盐酸标准溶液滴定至粉红色刚好褪至无色为终点。

（3）记录消耗0.1mol/L盐酸标准溶液的体积V_1（mL）。

（4）若加入酚酞后水样为无色，则$P=0$。

4. 计算

$$P=\frac{cV_1}{0.1000}$$

式中 c——盐酸标准溶液的浓度，mol/L

V_1——消耗盐酸标准溶液的体积，mL

（三）*M*值的测定

1. 试剂

（1）甲基橙指示剂（1g/L） 称取0.1g甲基橙溶于100mL水中。pH变色范围3.1～4.4。

（2）0.1mol/L盐酸标准溶液 同*P*值测定。

（3）蒸馏水 不含CO_2，pH应不低于6.0。

2. 仪器

同*P*值测定仪器。

3. 操作

（1）在测定过 P 值的溶液中，或另取一水样，加入 1～2 滴甲基橙指示剂。

（2）若水样呈黄色，用 0.1mol/L 盐酸标准溶液滴定至橙色。

（3）记录消耗 0.1mol/L 盐酸标准溶液的体积 V_2（mL）或 $V_{总}$（mL）。

4. 计算

$$M=\frac{c\ (V_1+V_2)}{0.1000} \quad 或 \quad M=\frac{cV_{总}}{0.1000}$$

式中 c——盐酸标准溶液的浓度，mol/L

V_1——用酚酞作指示剂消耗的盐酸标准溶液的体积，mL

V_2——测定过 P 值的水样，用甲基橙作指示剂消耗盐酸标准溶液的体积，mL

$V_{总}$——直接取水样，用甲基橙作指示剂消耗盐酸标准溶液的体积，mL

（四）用°d（德国度）表示的总碱度的计算

$$GA=M\times 2.8\ (°d)$$

（五）注意事项

（1）OH^- 和 HCO_3^- 碱度在水样中不可能同时存在；不正确的水处理可能只有 OH^- 碱度。

（2）如果水样中存有余氯，可以使指示剂褪色，应在加指示剂之前加入 1 滴 0.1mol/L $Na_2S_2O_3$ 溶液，可消除其影响，或者改为电位滴定法测定。

（3）如果水样浑浊、有色均可干扰测定，可用电位滴定法测定。

三、水中 OH^-、CO_3^{2-}、HCO_3^- 含量的计算

由于水碱度主要是由氢氧化物（OH^-）、碳酸盐（CO_3^{2-}）、碳酸氢盐（HCO_3^-）组成，故可以根据水的 P 值、M 值的关系计算出水中各种碱度的含量。

（1）当水的 $P=M$ 时，可判断该水只有 OH^- 碱度。

$$c\ (OH^-,\ mmol/L)=P=M$$

$$c\ (CO_3^{2-})=0$$

$$c\ (HCO_3^-)=0$$

（2）当水的 $2P>M$ 时，可判断水的碱度由 OH^- 和 CO_3^{2-} 组成。

$$c\ (OH^-,\ mmol/L)=2P-M$$

$$c\ (CO_3^{2-},\ mmol/L)=M-P$$

$$c\ (HCO_3^-)=0$$

（3）当水的 $2P=M$ 时，可判断水的碱度由 CO_3^{2-} 组成。

$$c\ (OH^-)=0$$

$$c\ (CO_3^{2-},\ mmol/L)=P=\frac{1}{2}M$$

$$c\ (HCO_3^-)=0$$

（4）当水的 $2P<M$，就可判断水的碱度由 CO_3^{2-} 和 HCO_3^- 组成。

$$c(OH^-)=0$$

$$c(CO_3^{2-},\ mmol/L)=P$$

$$c(HCO_3^-,\ mmol/L)=M-2P$$

（5）当水的 $P=0$，可判断水的碱度由 HCO_3^- 组成。

$$c(OH^-)=0$$

$$c(CO_3^{2-},\ mmol/L)=0$$

$$c(HCO_3^-,\ mmol/L)=M$$

综上所述，水碱度的组成与水的 P 值、M 值的关系如表 2－4 所示。

表 2－4 水碱度的组成与水的 P 值、M 值的关系

P 值、M 值的关系	水碱度的组成	OH^- 含量/(mmol/L)	CO_3^{2-} 含量/(mmol/L)	HCO_3^- 含量/(mmol/L)
$P=M$	OH^-	P	0	0
$2P>M$	OH^-、CO_3^{2-}	$2P-M$	$M-P$	0
$2P=M$	CO_3^{2-}	0	P	0
$2P<M$	CO_3^{2-}、HCO_3^-	0	P	$M-2P$
$P=0$	HCO_3^-	0	0	M

例 2－1：实验室测定水样的碱度，$P=0.2$，$M=0.8$，请说明该水样碱度的组成，并计算各种碱度。

解：由于水样的 $2P<M$，故此水的碱度由 CO_3^{2-}、HCO_3^- 组成。

$$c(OH^-)=0$$

$$c(CO_3^{2-})=P=0.2mmol/L=0.2\times 60mg/mmol=12mg/L$$

$$c(HCO_3^-)=M-2P=0.8mmol/L-0.4mmol/L$$

$$=0.4mmol/L=0.4\times 61mg/mmol=24.4mg/L$$

$$GA=0.8\times 2.8°d=2.24°d$$

例 2－2：有水样测的 $CO_3^{2-}=30mg/L$、$HCO_3^-=91.5mg/L$，求此水的 P 值、M 值。

解：由于水样的碱度由 CO_3^{2-} 和 HCO_3^- 组成，故 $2P<M$。

$$c(CO_3^{2-})=30mg/L=0.5mmol/L$$

$$c(HCO_3^-)=91.5mg/L=1.5mmol/L$$

$$P=0.5$$

$$M=2c(CO_3^{2-},\ mmol/L)+c(HCO_3^-,\ mmol/L)=2\times 0.5+1.5=2.5$$

四、水碱度测定记录

水碱度测定记录见表 2－5。

表 2-5 水碱度测定记录

水样编号	消耗盐酸标准溶液的体积				平均值	P 值	M 值	总碱度/°d	P 值、M 值的关系	$c(OH^-)$ / (mmol/L)	$c(CO_3^{2-})$ / (mmol/L)	$c(HCO_3^-)$ / (mmol/L)
		1	2	3								
1	V_1											
	V_2											
	$V_{总}$											
2	V_1											
	V_2											
	$V_{总}$											
3	V_1											
	V_2											
	$V_{总}$											
4	V_1											
	V_2											
	$V_{总}$											

第五节 水硬度和残余碱度

一、水 硬 度

（一）水硬度的概念

水硬度是指水中离子沉淀肥皂的能力，即溶解于水中能使肥皂沉淀的所有金属离子的总浓度。主要是碱土金属离子 Ca^{2+}、Mg^{2+}、Ba^{2+}、Sr^{2+}，此外 Fe^{3+}、Fe^{2+}、Mn^{2+}、Al^{3+}、Zn^{2+} 等也有同样的作用。

$$\underset{\text{硬脂酸盐}}{2C_{17}H_{35}COO^-} + Ca^{2+}\ (Mg^{2+}) \rightleftharpoons \underset{\text{硬脂酸钙}}{(C_{17}H_{35}COO)_2Ca\ (Mg)} \downarrow$$

由于一般水中的 Ca^{2+}、Mg^{2+} 浓度远比其他离子的浓度大，故通常情况下用水中 Ca^{2+}、Mg^{2+} 的总浓度计算水的硬度。

水硬度是表示水质的一个重要指标，对啤酒酿造影响很大。因此，测定水的总硬度，可为确定酿造用水质量和合理进行水的处理提供可靠依据。

（二）水硬度的分类

1．按阴离子分类

（1）碳酸盐硬度　指 Ca^{2+}、Mg^{2+} 的碳酸氢盐和碳酸盐，可用 KH 表示。

组成：主要是 Ca^{2+}、Mg^{2+} 与 HCO_3^- 形成的盐；其次是 Ca^{2+}、Mg^{2+} 与 CO_3^{2-} 形成的盐。

（2）非碳酸盐硬度　指 Ca^{2+}、Mg^{2+} 的除碳酸盐和碳酸氢盐以外的其他盐类，可用 NKH 表示。

组成：Ca^{2+}、Mg^{2+} 与 SO_4^{2-}、Cl^-、NO_3^- 等形成的盐。

总硬度（GH）=碳酸盐硬度（KH）+非碳酸盐硬度（NKH）。

2．按阳离子分类

钙硬度：Ca^{2+} 的所有盐类，可用 CaH 表示。

镁硬度：Mg^{2+} 的所有盐类，可用 MgH 表示。

总硬度（GH）=钙硬度（CaH）+镁硬度（MgH）

3．按所含盐的性质分类

暂时硬度：加热煮沸可以被除去的硬度。

永久硬度：加热煮沸不能被除去的硬度。

总硬度（GH）=暂时硬度+永久硬度

（三）水硬度的表示法

（1）用 Ca^{2+}、Mg^{2+} 含量表示　mmol/L。

（2）德国度　1°d：≅10mgCaO/L≅1gCaO/hL≅0.179mmolCaO/L。

（3）法国度　1°f≅10mg$CaCO_3$/L。

（4）英国度　1°e≅14.3mg$CaCO_3$/L。

（5）美国硬度　1ppm $CaCO_3$≅1mg$CaCO_3$/L。

各种硬度表示方法的数量换算见表2-6。

表2-6　各种硬度表示方法的数量互换关系

项目	德国度/°d	法国度/°f	英国度/°e	美国硬度/ppm
德国度（°d）	1.0	1.79	1.25	17.90
法国度（°f）	0.56	1.00	0.70	10.00
英国度（°e）	0.80	1.43	1.00	14.30
美国硬度（ppm）	0.056	0.1	0.07	1.00

我国一般用德国度（°d）表示硬度。

（四）水硬度的划分

水硬度的划分见表2-7。

表 2－7　水硬度的划分

0～4°d	4.1～8°d	8.1～12°d	12.1～18°d	18.1～30°d	>30°d
很软水	软水	中硬水	较硬水	硬水	很硬水

二、负　硬　度

在一般的天然水中，水的总硬度大于总碱度时，碳酸盐硬度就等于总碱度，水的总硬度是碳酸盐硬度与非碳酸盐硬度之和。当水中的总碱度大于总硬度时，即碱性物质的浓度高于 Ca^{2+}、Mg^{2+} 的总浓度，水中含有钾、钠的氢氧化物、碳酸盐和碳酸氢盐（即组成碱度的物质），在这种情况下水中必无 $CaSO_4$、$MgSO_4$、$CaCl_2$、$MgCl_2$ 等非碳酸盐硬度的物质存在，把总碱度与总硬度的差值称为负硬度（即水中钾、钠的氢氧化物、碳酸盐和碳酸氢盐）。此时，可以认为全部的硬度都是碳酸盐硬度。

因为组成负硬度的物质在糖化过程中是强降酸的，所以对啤酒酿造用水而言绝对不允许存在负硬度。

三、硬度的测定

（一）总硬度的测定

1. 原理

测定水的总硬度一般采用 EDTA 配位滴定法。

乙二胺四乙酸二钠（EDTA－2Na）在 pH 为 10 的条件下与水中的 Ca^{2+}、Mg^{2+} 生成无色可溶的稳定配合物，其反应式为：

$$Ca^{2+}\ (Mg^{2+}) + H_2Y \rightleftharpoons \underset{\text{(无色)}}{CaY\ (MgY)} + 2H^+$$

滴定时用铬黑 T 作指示剂，铬黑 T 在 pH 为 8～11 时本身为蓝色，它与 Ca^{2+}、Mg^{2+} 等能形成酒红色的配合物，使水溶液呈酒红色，以 HIn^{2-} 表示铬黑 T，其反应式为：

$$Ca^{2+}\ (Mg^{2+}) + \underset{\text{(蓝色)}}{HIn^{2-}} \rightleftharpoons \underset{\text{(酒红色)}}{CaIn^-\ (MgIn^-)} + H^+$$

由于 EDTA 与 Ca^{2+}、Mg^{2+} 形成的配合物比铬黑 T 与 Ca^{2+}、Mg^{2+} 形成的配合物更稳定，当用 EDTA 标准溶液滴定到化学计量点时，EDTA 将铬黑 T 配合物中的 Ca^{2+}、Mg^{2+} 置换出来，而使铬黑 T 游离，此时溶液显指示剂本身的蓝色。

$$\underset{\text{(酒红色)}}{CaIn^-\ (MgIn^-)} + H_2Y \rightleftharpoons \underset{\text{(无色)}}{CaY\ (MgY)} + H^+ + \underset{\text{(蓝色)}}{HIn^{2-}}$$

根据消耗 EDTA 的体积和浓度可以计算水的总硬度。

2. 试剂

（1）pH10 的氨－氯化铵缓冲溶液　称取 16.9g 氯化铵（NH_4Cl）溶于 143mL 浓氨水溶液中，用水稀释至 250mL，摇匀，贮于塑料瓶或硬质玻璃瓶中，密封保存，严防氨气逸出或二氧化碳进入，此溶液如保存在经常开启使用的瓶内，不得超过一个月。

（2）铬黑 T 指示剂　称取 500mg 铬黑 T 及 100g 氯化钠研磨通过 40 目筛，贮于棕色瓶中备用。

（3）0.0100mol/L 钙标准溶液　称取 1.0000g 基准碳酸钙粉末至 500mL 的锥形瓶中，在瓶颈口放一漏斗，分次少量加入 1∶1 盐酸直到碳酸钙完全溶解，加 200mL 水，煮沸数分钟，以除去 CO_2，冷却，加几滴甲基红指示剂，并加入适量 3mol/L 氢氧化铵或 1∶1 的盐酸调节至中间橙色，定量转移到 1L 的容量瓶中，用水定容至刻度，此溶液浓度为 0.0100mol/L。

（4）0.01mol/L EDTA 标准溶液（$C_{10}H_{14}N_2O_3Na_2 \cdot 2H_2O$）

① 配制：称取 3.723g 乙二胺四乙酸二钠，溶于纯水中，并稀释至 1L，混匀。

② 标定：吸取 25.00mL 上述配制的 EDTA 溶液于 250mL 锥形瓶中，加入约 25mL 蒸馏水和 2.0mL（或适当体积）1mol/L 氢氧化钠溶液使 pH 达到 12～13，加 0.2g 紫脲酸铵或铬蓝黑 R 固体指示剂，在连续摇动下慢慢用钙标准溶液滴定至终点。若用紫脲酸铵溶液由蓝紫色转变为红色，若用铬蓝黑 R 溶液由天蓝色变为红色。

③ 计算：EDTA 的浓度（mol/L）按下式计算：

$$c = \frac{V_1 c_1}{V}$$

式中　V——EDTA 溶液的用量，mL

V_1——消耗钙标准溶液的体积，mL

c_1——钙标准溶液的浓度，mol/L

（5）掩蔽剂

① 硫化钠溶液：取 5g 硫化钠（$Na_2S \cdot 9H_2O$）溶于 100mL 水中，摇匀，密封保存。

② 盐酸羟胺溶液：取 1g 盐酸羟胺溶于 100mL 水中，摇匀。

③ 三乙醇胺［$(C_2H_4OH)_3N$］：分析纯。

④ 10% 氰化钾溶液。

3. 仪器

（1）酸式滴定管　25mL 或 50mL。

（2）锥形瓶　250mL。

（3）移液管　50mL。

4. 操作

① 吸取水样50.0mL于250mL锥形瓶中。

② 加入1~2mLpH为10的缓冲溶液及约0.2g（一小勺）铬黑T固体指示剂，溶解。

③ 立即用EDTA标准溶液滴定至溶液由酒红色经过蓝紫色变为蓝色即为终点（在滴定最后几滴时，两滴之间应间隔3~5s），记录消耗EDTA标准溶液的体积（mL）。

5. 计算

$$GH\ (°d)\ = \frac{cV \times 56}{V_{样} \times 10} \times 1000$$

式中 c——EDTA标准溶液的浓度，mol/L

V——消耗的EDTA标准溶液的体积，mL

$V_{样}$——所取的水样体积，mL

56——氧化钙的摩尔质量，g/mol

6. 注意事项

① 氯化铵-氢氧化铵缓冲溶液应密封贮存，容器不宜过大，以免长期使用反复开盖使氨水浓度降低而影响pH。

② 用EDTA滴定Ca^{2+}、Mg^{2+}时，用铬黑T作指示剂，其溶液pH在9.7~11的范围，越偏碱，终点越敏锐，但越偏碱可使Ca^{2+}、Mg^{2+}生成沉淀而造成滴定误差，因此滴定选用pH=10为宜。

③ 铬黑T指示剂配制成溶液较易失效，铬黑T最好用固体。如果在滴定时终点不敏锐，而且加入掩蔽剂后仍不能改善，则应重新配制指示剂。

④ 在操作中为防止碳酸钙及氢氧化镁在碱性溶液中沉淀，滴定时水样的Ca^{2+}、Mg^{2+}含量不能过高，最好100mL水样所消耗的0.01mol/L EDTA标准溶液体积应小于30mL，否则应少取水样用蒸馏水稀释后再测定。

⑤ 在测定大批水样时，应逐个加入缓冲溶液，加入后立即滴定，如对多个水样同时加入缓冲溶液，在放置时会由于NH_3挥发，使pH达不到要求，或因Ca^{2+}、Mg^{2+}浓度较高而形成沉淀造成终点有反复现象。

⑥ 为使滴定终点更敏锐，在配制缓冲溶液时，可在用水稀释至250mL之前，加入1.25gEDTA镁盐。

⑦ 若水样中含有干扰离子使滴定终点延迟或颜色不清楚，则可在水样中加入缓冲溶液后，加入适当的掩蔽剂，再加指示剂。对锰的干扰加0.5mL 1.0%盐酸羟胺溶液消除；对铜的干扰加1mL 5%硫化钠或者0.5mL 10%氰化钾溶液消除；对少量铁、锰、铝的干扰可以加入1mL三乙醇胺消除，若在滴定前加热水样至30~40℃或适当稀释也可以使终点更清楚。

（二）碳酸盐硬度的测定

水的碳酸盐硬度具有降酸作用，碳酸盐硬度高，在糖化时与麦芽中的酸性磷酸盐进行反应生成碱式磷酸盐，使糖化醪的 pH 上升，影响糖化过程酶的作用效果，同时高的碳酸盐硬度会影响啤酒的色度和口味。所以碳酸盐硬度是评价水质的重要指标。

1. 原理

水中的碳酸盐和碳酸氢盐在用甲基橙作指示剂时与盐酸进行如下的反应：

$$Ca(HCO_3)_2 + 2HCl \rightleftharpoons CaCl_2 + 2CO_2\uparrow + 2H_2O$$

$$CaCO_3 + 2HCl \rightleftharpoons CaCl_2 + CO_2\uparrow + H_2O$$

$$Mg(HCO_3)_2 + 2HCl \rightleftharpoons MgCl_2 + 2CO_2\uparrow + 2H_2O$$

$$MgCO_3 + 2HCl \rightleftharpoons MgCl_2 + CO_2\uparrow + H_2O$$

如水中含氢氧化物碱度、碳酸氢钠（或钾）和碳酸钠（或钾）等，滴定时均能消耗盐酸，故在测定碳酸盐硬度前，应确定上述各物质的含量，将所得结果加以校正。否则，计算的碳酸盐硬度比实际值高，有时甚至比总硬度还高，此情况下应根据总碱度和总硬度的测定结果计算碳酸盐硬度。

2. 试剂

（1）0.1mol/L 盐酸标准溶液　配制同水的 P 值测定。

（2）甲基橙指示剂（1g/L）　配制同水的 M 值测定。

3. 仪器

（1）酸式滴定管　25mL 或 50mL。

（2）锥形瓶　250mL。

（3）移液管　100mL。

4. 操作

（1）吸取 100.0mL 水样，放置于 250mL 锥形瓶内，加入 1 ~ 2 滴甲基橙指示剂。

（2）用 0.1mol/L 盐酸标准溶液滴定至溶液由黄色变为橙色为止。

（3）记录消耗 0.1mol/L 盐酸标准溶液的体积。

5. 计算

$$碳酸盐硬度（°d） = \frac{cV \times 56 \times 1000}{2V_{样} \times 10}$$

式中　c——盐酸标准溶液的浓度，mol/L

V——消耗盐酸标准溶液的体积，mL

$V_{样}$——所取的水样体积，mL

56——氧化钙的摩尔质量，g/mol

（三）非碳酸盐硬度

$$非碳酸盐硬度 = 总硬度 - 碳酸盐硬度$$

（四）钙硬度的测定

钙广泛存在于自然界中，有时以较大数量存在于水中，钙对啤酒酿造起着很重要的作用。首先钙与麦芽中的蛋白质形成蛋白盐，与麦芽中的磷酸盐作用而产生增酸作用，可在一定程度上影响醪液和麦汁的 pH。钙盐在糖化中使 α-淀粉酶具有较高的抗热变性能力，可保护酶的活性，并有激活 α-淀粉酶的作用。钙可促进蛋白质的凝聚，有利于麦汁澄清。所以测定酿造用水中的钙硬度有非常重要的意义。

1. 原理

EDTA 与 Ca^{2+}、Mg^{2+} 都能生成溶于水的配合物，在 pH 12～13 条件下，Mg^{2+} 生成氢氧化物沉淀，可用 EDTA 单独滴定 Ca^{2+}，滴定时以铬蓝黑 R（钙指示剂）或紫脲酸铵作指示剂。铬蓝黑 R 或紫脲酸铵与 Ca^{2+} 形成红色的配合物，使溶液呈红色，当用 EDTA 标准溶液滴定至化学计量点时，EDTA 将铬蓝黑 R 或紫脲酸铵配合物中的钙置换出来，使指示剂游离。若用铬蓝黑 R 作指示剂溶液转变为本身的亮蓝色，若用紫脲酸铵作指示剂溶液转变为蓝紫色，记录消耗 EDTA 标准溶液的体积，计算水的钙硬度。

2. 试剂

（1）0.01mol/L EDTA 标准溶液　配制同水总硬度的测定。

（2）铬蓝黑 R（钙指示剂∶NaCl = 1∶200）　500mg 钙指示剂与 100g 固体氯化钠一起研磨至通过 40～50 目筛，装入棕色瓶中，塞紧。

（3）紫脲酸铵指示剂（紫脲酸铵∶NaCl = 1∶200）　500mg 紫脲酸铵与 100g 固体氯化钠一起研磨至通过 40～50 目筛，装入棕色瓶中，塞紧。

（4）1mol/L NaOH 溶液　将 40g 氢氧化钠溶于无二氧化碳的蒸馏水中，稀释至 1000mL，于聚乙烯塑料瓶中贮存，不需标定。

（5）1∶1 HCl 溶液　用量筒量取 100mL 分析纯浓盐酸（36%）小心加到 100mL 蒸馏水中，混合均匀。

（6）刚果红试纸。

3. 仪器

（1）酸式滴定管　25mL 或 50mL。

（2）锥形瓶　250mL。

（3）移液管　50mL。

4. 操作

（1）取水样 50.0mL 于 250mL 锥形瓶中，若样品有较高碱度，先加入 1 小块刚果红试纸，用 1∶1 盐酸酸化至试纸变为蓝紫色。

（2）煮沸 1min，冷却。

（3）加入约 2mL 1mol/L NaOH 溶液（或适当体积），使水样的 pH 为 12～13。

（4）加入 0.1～0.2g 钙指示剂或者紫脲酸铵固体指示剂，立即用 EDTA 标准溶液滴定至终点，用钙指示剂时，终点由红色变为亮蓝色，用紫脲酸铵作指示剂，则终点由红色变为蓝紫色，滴定将近终点时，滴定要慢。记录消耗的 EDTA 标准溶液的体积（mL）。

（5）当需要测定镁时，应将用紫脲酸铵作指示剂测定完钙后的溶液留作测定镁用。

5. 计算

$$钙硬度（°d）=\frac{cV\times 56}{V_{样}\times 10}\times 1000$$

式中 c——EDTA 标准溶液的浓度，mol/L

V——消耗的 EDTA 标准溶液的体积，mL

$V_{样}$——所取水样的体积，mL

56——氧化钙的摩尔质量，g/mol

6. 注意事项

（1）碱度较高的水样，加盐酸酸化和煮沸的目的是除去水样中的碳酸氢根离子，否则加入氢氧化钠调整 pH 时，会使 Ca^{2+} 生成碳酸钙沉淀，使结果偏低。其反应式：

$$HCO_3^- + OH^- \rightleftharpoons CO_3^{2-} + H_2O$$

$$CO_3^{2-} + Ca^{2+} \rightleftharpoons CaCO_3\downarrow$$

加盐酸后（$HCO_3^- + H^+ \rightleftharpoons CO_2\uparrow + H_2O$）可防止沉淀生成。

（2）紫脲酸铵在碱性条件下不稳定，因此加入后应立即滴定。为使滴定终点容易辨认，可制备一空白溶液比较，空白中加入 2.0mL 氢氧化钠溶液和 0.2g 紫脲酸铵固体指示剂，然后滴入足够的 EDTA 标准溶液到颜色不变为止。

（3）水样中其他离子干扰的消除同“总硬度”的测定。

（4）测定钙硬度，pH 的控制非常重要，否则会影响测定结果的准确度。

（五）镁硬度的测定

方法一

1. 原理

在用紫脲酸铵作指示剂，用 EDTA 滴定钙硬度后的水样中，加入盐酸分解紫脲酸铵，再调节 pH 至 10，以铬黑 T 作指示剂，用 EDTA 标准溶液滴定水样中的镁硬度。

2. 试剂

（1）0.01mol/L EDTA 标准溶液　配制同水总硬度的测定。

（2）铬黑 T 指示剂　配制同水总硬度的测定。

（3）紫脲酸铵指示剂　配制同水钙硬度的测定。

（4）1mol/L NaOH 溶液　配制同水钙硬度的测定。

（5）1∶1 HCl 溶液　配制同水钙硬度的测定。

（6）刚果红试纸。

（7）pH = 10 缓冲溶液　配制同水总硬度的测定。

3. 仪器

（1）酸式滴定管　25mL 或 50mL。

（2）锥形瓶　250mL。

（3）移液管　50mL。

4. 操作

（1）取用紫脲酸铵作指示剂按“钙硬度的测定”方法测定钙硬度后的溶液。

（2）加入 1∶1 盐酸中和至刚果红试纸变蓝，放置 5～10min，待溶液褪至无色（若不褪色，可加热至 40～50℃，使其褪色）。

（3）加入 1mol/L 氢氧化钠中和至刚果红试纸变红，再加入 2mL pH＝10 的缓冲溶液和少量铬黑 T 固体指示剂。

（4）用 EDTA 标准溶液滴定至溶液由酒红色经过蓝紫色变为蓝色为终点，记录消耗的体积。

5. 计算

$$\text{MgH（°d）}=\frac{cV\times 56}{V_{样}\times 10}\times 1000$$

式中　c——EDTA 标准溶液的浓度，mol/L

V——滴定镁硬度所消耗 EDTA 标准溶液的体积，mL

$V_{样}$——所取的水样体积，mL

56——氧化钙的摩尔质量，g/mol

方法二

1. 原理

以铬黑 T 作指示剂，在 pH＝10 时，用 EDTA 标准溶液滴定水样中钙、镁的总量，再以钙指示剂作指示剂，在 pH＝12～13 时，用 EDTA 标准溶液滴定水样中的钙，以钙、镁总量减去钙含量，可得到水中镁的含量。

2. 试剂

同“总硬度测定”和“钙硬度测定”所用试剂。

3. 仪器

（1）酸式滴定管　25mL 或 50mL。

（2）锥形瓶　250mL。

（3）移液管　50mL。

4. 操作

（1）取 50.0mL 水样，按“总硬度的测定”操作测出水样总硬度。

（2）再取 50.0mL 水样，按“钙硬度的测定”操作测定钙硬度。

5. 计算

$$镁硬度＝总硬度－钙硬度$$

6. 注意事项

若测定钙硬度时，用铬蓝黑 R 作指示剂，测定镁硬度则用方法一；若测定钙硬度时，用紫脲酸铵作指示剂，则测定镁硬度可用方法二。

四、碳酸盐硬度、非碳酸盐硬度及负硬度的计算

如果水样的碱度全部是由碳酸盐及碳酸氢盐水解产生的，而水的硬度全部是由钙、镁的盐类引起的（大部分大然水符合这种情况），则在测定了水样的总碱度和总硬度后，可计算水样中的碳酸盐硬度、非碳酸盐硬度以及负硬度。

计算时各种硬度和碱度的单位必须统一（全部以°d 表示）。根据水样的总硬度和总碱度的测定结果，按表 2－8 计算各种硬度。

表 2－8 各种硬度之间的关系

碱度与硬度的关系	碳酸盐硬度/°d	非碳酸盐硬度/°d	负硬度/°d
总碱度 > 总硬度	总硬度	无	总碱度 - 总硬度
总碱度 = 总硬度	总硬度或总碱度	无	无
总碱度 < 总硬度	总碱度	总硬度 - 总碱度	无

大多数天然水的总硬度大于总碱度，水的碳酸盐硬度同时也是总碱度。当水中由于特殊的原因（如化学污染）而导致水中含有钠的碱性化合物，即负硬度（如 NaOH、$NaHCO_3$和 Na_2CO_3）存在时水中的非碳酸盐硬度就会消失。

$$CaSO_4 + Na_2CO_3 \rightleftharpoons CaCO_3\downarrow + Na_2SO_4$$

例 2－3：某水样的分析结果为 GH = 7.6°d，GA = 8.2°d，求该水样的 KH、NKH 及负硬度。

解：由于 GH =7.6°d，GA =8.2°d，GH <GA，故

$$KH = GH = 7.6°d,$$

$$NKH = 0,$$

$$负硬度 = GA - GH = 8.2 - 7.6 = 0.6°d。$$

五、残余碱度的计算

1. 计算方法

水中除化学中性的离子外，还可区分为增酸和降酸的离子。

水中起增酸作用的离子是 Ca^{2+}、Mg^{2+}，通过 Ca^{2+}、Mg^{2+} 的硫酸盐、盐酸盐、硝酸盐与麦芽中的碱式磷酸盐反应，使碱式磷酸盐转化为酸式磷酸盐，导致醪液和麦汁的 pH 下降。

水中起降酸作用的离子是 OH^-、CO_3^{2-}、HCO_3^-。这些离子与麦芽中的酸性磷酸盐反应，使酸式磷酸盐转化为碱式磷酸盐，导致醪液和麦汁的 pH 上升。

对水中具有降酸作用和增酸作用的离子进行综合评价，科尔巴赫提出了水的

残余碱度的计算方法。

通过 Ca^{2+} 和 Mg^{2+} 的增酸作用所能抵消的碱度为平衡碱度：

$$平衡碱度（AA）=\frac{CaH+\frac{1}{2}MgH}{3.5}$$

由此，以°d 为单位的残余碱度的计算为：

$$残余碱度（RA）=总碱度（GA）-平衡碱度（AA）$$

$$=GA-\frac{CaH+\frac{1}{2}MgH}{3.5}$$

式中　GA——总碱度,°d

CaH——钙硬度,°d

MgH——镁硬度,°d

水的残余碱度越高，导致醪液的 pH 偏高，会给啤酒生产及啤酒质量带来很多不利影响。

2. 说明

（1）RA =0 的水作为酿造用水，可使醪液和麦汁的 pH 变化情况与使用蒸馏水相同。

（2）RA =10°d 的水作为酿造用水，与使用蒸馏水相比，可使醪液和麦汁的 pH 升高约 0.3。

（3）GA = -10°d 的水作为酿造用水，与使用蒸馏水相比，可使醪液和麦汁的 pH 下降约 0.3。

（4）RA =2°d 的水作为生产淡色啤酒的酿造用水不需要除硬。

（5）酿造用水的 RA 值应小于 2°d，最好为负值。

六、水硬度的测定记录

水硬度的测定记录见表 2-9。

表 2-9　水硬度测定记录表

测定项目	水样 1					水样 2				
GH	消耗 EDTA 的体积				结果/°d	消耗 EDTA 的体积				结果/°d
	1	2	3	平均值		1	2	3	平均值	
KH	消耗盐酸的体积				结果/°d	消耗盐酸的体积				结果/°d
	1	2	3	平均值		1	2	3	平均值	

续表

测定项目	水样 1					水样 2				
CaH	消耗 EDTA 的体积				结果/°d	消耗 EDTA 的体积				结果/°d
	1	2	3	平均值		1	2	3	平均值	
MgH	消耗 EDTA 的体积				结果/°d	消耗 EDTA 的体积				结果/°d
	1	2	3	平均值		1	2	3	平均值	
GA/°d										
NKH/°d										
KH/°d										
负硬度/°d										
RA/°d										

第六节 水中氯离子、二氧化碳的测定

一、水中氯离子的测定

氯化物广泛存在于自然界中，氯化物以钠、钙及镁盐的形式存在于水中。当氯离子以氯化钙的形式存在时，可使啤酒的口味丰满和柔和。氯化钙有利于水的残余碱度。钠的氯化物可以提高啤酒的醇厚性，低于 300mg/L 是无害的；但超过 400mg/L 会使口味粗糙，水中氯化钠含量高会使啤酒有咸味；高于 500mg/L 的氯化钠会抑制酵母的繁殖，使酵母早衰。大于 70mg/L 的氯离子对铁和铬合金有腐蚀作用。

1. 原理

氯离子的测定常用硝酸银沉淀滴定法。在中性和弱碱性溶液中，以铬酸钾作指示剂，用硝酸银标准溶液进行滴定。由于氯化银的溶解度比铬酸银的溶解度小，根据分步沉淀的原理，溶液中首先析出白色的氯化银沉淀，当达到化学计量点时，微过量的硝酸银与铬酸根离子作用生成砖红色的铬酸银沉淀，溶液由黄色变为砖红色即为滴定终点，其反应式为：

$$Ag^+ + Cl^- \rightleftharpoons \underset{\text{白色}}{AgCl}\downarrow$$

$$2Ag^+ + CrO_4^{2-} \rightleftharpoons \underset{\text{砖红色}}{Ag_2CrO_4}\downarrow$$

由于铬酸银易溶于酸，硝酸银在强碱性溶液中（pH > 10.5 时）则生成氧化银沉淀，因此，滴定只能在中性或弱碱性（pH6.5 ~ 10.5）溶液中进行。

2. 试剂

（1）5g/100mL 铬酸钾指示剂（K_2CrO_4） 称取 5g 铬酸钾（K_2CrO_4）溶于少量水中，滴加硝酸银溶液至有明显红色沉淀生成，放置 24h，过滤，用水稀释至 100mL。

（2）0.0141mol/L 氯化钠标准溶液 准确称取 0.8248g 于 140℃ 干燥 2h 的基准氯化钠，于蒸馏水中溶解，并稀释至 1L。0.0141mol/L 氯化钠标准溶液相当于 500mg/L 的氯离子。

（3）0.0141mol/L 硝酸银标准溶液

配制：准确称取 2.3951g 硝酸银（$AgNO_3$）溶于蒸馏水后，转入 1000mL 的棕色容量瓶，稀释至刻度，摇匀。

标定：取 25.0mL 0.0141mol/L 氯化钠标准溶液于 250mL 的锥形瓶内，加入 25.0mL 蒸馏水和 1.0mL 铬酸钾指示剂，用待标定的硝酸银溶液滴定至砖红色刚好出现，同时以 50.0mL 蒸馏水作空白滴定，记录用量。标定后的浓度可用下式计算：

$$c = \frac{c_0 V}{V_2 - V_1}$$

式中 c——硝酸银标准溶液的浓度，mol/L

V_2——标定时消耗硝酸银溶液的体积，mL

V_1——空白滴定时消耗硝酸银溶液的体积，mL

c_0——氯化钠标准溶液的浓度，mol/L

V——氯化钠标准溶液的用量，mL

（4）酚酞（1g/L） 配制同水碱度的测定。

（5）0.1mol/L 氢氧化钠溶液（不标定） 溶 4g 氢氧化钠于 1000mL 水中。

（6）硫酸溶液 [$c(\frac{1}{2}H_2SO_4)$ = 0.1mol/L]（不标定） 取 2.8mL 浓硫酸，在搅拌下缓慢加入 1L 无 CO_2 的蒸馏水中。

（7）氢氧化铝悬浮液 称取 125g 硫酸铝钾 [$KAl(SO_4)_2 \cdot 12H_2O$] 或硫酸铝铵 [$NH_4Al(SO_4)_2 \cdot 12H_2O$] 溶于 1L 水中，加热至 60℃，搅拌下慢慢加入 55mL 浓氨水，静置 1h 后，弃去上清液，用水反复洗涤沉淀物至洗出液中无氯离子为止（用硝酸银检查），最后加水至 1L，使用时振荡均匀。

（8）30% 过氧化氢 分析纯。

3. 仪器

（1）酸式滴定管 25 mL 或 50 mL。

（2）锥形瓶 250mL。

（3）移液管 100mL、1mL。

4. 操作

（1）试样的制备 吸取100.0mL水样按下述操作处理。

① 若水样有较高的色度或浑浊度：吸取100.0mL水样于250mL锥形瓶中，加入3mL氢氧化铝悬浮液，混匀，澄清，过滤洗涤，然后合并滤液和洗液进行滴定。

② 若样品含有硫化物、亚硫酸盐或硫代硫酸盐：则吸取100.0mL水样于250mL锥形瓶中，在样品中加入0.1mol/L氢氧化钠溶液至水样呈酚酞碱性，搅拌下加入1mL 30%过氧化氢溶液，摇匀。1min后加热至70～80℃，除去过量的过氧化氢，再加硫酸溶液调至中性（酚酞刚好变成无色）。

③ 水样有机物污染严重：取100.0mL水样于坩埚中，用0.1mol/L氢氧化钠溶液调节pH至8～9，在水浴上蒸干，置于马弗炉中600℃灼烧1h，取出冷却后加10mL水溶解，转入250mL锥形瓶，用硫酸调节pH至7左右，用水稀释至约100mL。

啤酒酿造用水是很洁净和优良的水样，一般不需对水样进行处理，只有当水源受到污染需要测定氯离子时，才对水样进行处理。

（2）样品的测定

① 取100.0mL原水样或用上述方法处理后的水样于250mL锥形瓶中，如果水样的pH为7～10可直接滴定。如果超出此范围，应加入2滴酚酞指示剂，用0.1mol/L氢氧化钠溶液或者硫酸溶液调到酚酞刚好变为无色。

② 加入1.0mL铬酸钾指示剂。

③ 用硝酸银标准溶液滴定至砖红色刚好出现即为终点，记录所消耗硝酸银标准溶液的体积。

④ 另取100.0mL蒸馏水，按试样操作用硝酸银标准溶液滴定，测定试剂空白，记录所消耗硝酸银标准溶液的体积。

5. 计算

$$c(\mathrm{Cl^-},\ \mathrm{mg/L}) = \frac{c\ (V_2 - V_1)\ \times 35.45 \times 1000}{V_{样}}$$

式中 V_2——滴定水样时消耗硝酸银标准溶液的体积，mL

V_1——空白试验消耗硝酸银标准溶液的体积，mL

c——硝酸银标准溶液的浓度，mol/L

$V_{样}$——所取水样的体积，mL

35.45——氯离子的摩尔质量；g/mol

6. 注意事项

（1）水样中氯离子含量较低时（少于10mg/L），若用本法测定，应先进行适当浓缩。浓缩时先在水样中加入适量碳酸钠溶液呈碱性后再浓缩，否则水样中的氯化镁在加热时会发生分解，使氯离子变为氯化氢气体逸出而部分损失，使结果偏低。

$$MgCl_2 + 2H_2O \rightleftharpoons Mg(OH)_2\downarrow + 2HCl\uparrow$$

若加入了碳酸钠溶液呈碱性，则可防止上述现象发生。

$$MgCl_2 + Na_2CO_3 \rightleftharpoons MgCO_3\downarrow + 2NaCl$$

（2）铬酸钾在溶液中的浓度将影响终点到达的迟早，故指示剂的用量要控制好。

（3）通常空白消耗 0.2～0.3mL 硝酸银标准溶液。

7. 氯离子的测定记录

氯离子的测定记录见表 2－10。

表 2－10　氯离子的测定记录表

水样编号		消耗硝酸银标准溶液的体积/mL				氯离子/（mg/L）
		1	2	3	平均值	
1#	样品					
	空白					
2#	样品					
	空白					
3#	样品					
	空白					
4#	样品					
	空白					

二、水中的二氧化碳

在天然水、生活用水以及酿造用水中普遍存在着各种形态的 CO_2（碳酸化合物），它们是决定水质 pH 的重要因素，而且对外加酸或碱有一定的缓冲能力。高含量游离的 CO_2 具有腐蚀性，可腐蚀管道和容器，还会影响酶的作用。

1. 水中 CO_2 的来源

（1）空气中 CO_2 的溶解。

（2）岩石土壤中碳酸盐和碳酸氢盐矿物的溶解。

（3）水生动植物的新陈代谢会产生 CO_2。

（4）水中有机物的生物氧化也会产生 CO_2。

（5）水质处理过程中加入或产生的 CO_2 或碳酸化合物。

各种来源的 CO_2 综合构成水中 CO_2 的总量。

2. 水中 CO_2 的存在形式

各种来源的 CO_2 通常以三种不同的形态存在。

（1）游离的CO_2或游离的碳酸　溶于水中呈分子状态的CO_2或未离解的碳酸分子称为游离的CO_2。

由于H_2CO_3是二元酸，在水中有二级离解，三种存在形式，且H_2CO_3与HCO_3^-、CO_3^{2-}建立如下的平衡关系：

$$CO_2 + H_2O \rightleftharpoons H_2CO_3 \rightleftharpoons H^+ + HCO_3^- \rightleftharpoons 2H^+ + CO_3^{2-}$$

由此可知，水中有一定量的碳酸化合物，就有确定的“平衡CO_2”。当水中游离的CO_2含量高于平衡的需要量时，这种水与固体碳酸钙接触，可溶解碳酸钙，直到达到新的化学平衡为止。把超出平衡的需要量能与碳酸钙发生溶解作用的这部分游离CO_2称为“腐蚀性CO_2”。

$$CaCO_3 + CO_2 + H_2O \rightleftharpoons Ca^{2+} + 2HCO_3^-$$

腐蚀性CO_2对混凝土与金属有破坏作用，特别是与氧共存时，对金属的侵蚀性更强。

（2）碳酸氢盐CO_2，即HCO_3^-　是天然水和酿造用水中CO_2的主要存在形态，也称为半结合性CO_2。

（3）碳酸盐CO_2　即CO_3^{2-}，也称结合性碳酸。

碳酸氢盐CO_2和碳酸盐CO_2总称为结合CO_2。

各种形式的CO_2综合构成水中CO_2的总量（图2－3）

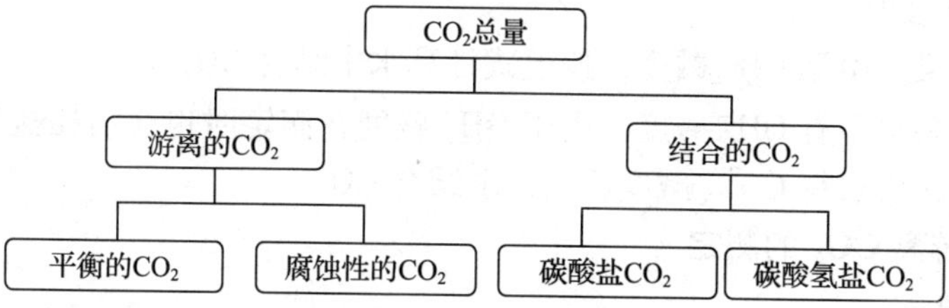

图2－3　CO_2的存在形式

三、水中二氧化碳的测定

（一）水中结合CO_2的测定

1. 原理

根据酸碱滴定的原理，以甲基橙为指示剂，用盐酸标准溶液滴定，根据消耗盐酸标准溶液的体积（mL）计算得到的结合CO_2含量。其反应式为：

$$Ca(HCO_3)_2 + 2HCl \rightleftharpoons CaCl_2 + 2CO_2\uparrow + 2H_2O$$

$$CaCO_3 + 2HCl \rightleftharpoons CaCl_2 + CO_2\uparrow + H_2O$$

2. 试剂

（1）甲基橙指示剂（1g/L）　配制同水碱度测定。

（2）蒸馏水　不含CO_2，pH应不低于6.0。

（3）0.1mol/L HCl标准溶液　配制同水碱度测定。

3. 仪器

（1）酸式滴定管　25mL或50mL。

（2）锥形瓶　250mL。

（3）移液管　100mL。

4. 操作

（1）取100.0mL水样于250mL的锥形瓶中，加入1～2滴甲基橙指示剂。

（2）若溶液呈黄色，用0.1mol/L盐酸标准溶液滴定至溶液变为橙色。

（3）记录所消耗0.1mol/L盐酸标准溶液的体积（mL）。

5. 计算

$$结合CO_2含量(mg/L)=\frac{cV\times\frac{1}{2}\times 44}{V_{样}}\times 1000$$

式中　c——盐酸标准溶液的浓度，mol/L

V——滴定时消耗盐酸标准溶液的体积，mL

$V_{样}$——所取水样的体积，mL

44——CO_2的摩尔质量，g/mol

6. 注意事项

（1）如果水中无OH^-碱度，按上式计算水中结合CO_2。

（2）如果水中有OH^-碱度，由于OH^-碱度在滴定时也会消耗盐酸，所以应根据P值、M值求得CO_3^{2-}碱度后，再求结合CO_2。

（二）水中游离CO_2的测定

1. 原理

当水样的pH在8.3以下时，水中可能含有游离的CO_2，可用中和滴定法测定。测定时以酚酞作指示剂，用氢氧化钠标准溶液滴定，当游离的CO_2转化为碳酸氢盐（化学计量点pH=8.3）时，酚酞显淡粉红色指示终点的到达。

$$CO_2+OH^-\rightleftharpoons HCO_3^-$$

2. 试剂

（1）酚酞指示剂（1g/L）　配制同水碱度测定。

（2）0.1mol/L氢氧化钠标准溶液

配制：将氢氧化钠配成饱和溶液，注入塑料瓶中密闭放置至溶液澄清，使碳酸盐沉淀，使用前以塑料管虹吸上层清液，取5mL注入1L的容量瓶中，加无CO_2的蒸馏水稀释至刻度，摇匀。

标定：准确称取0.4～0.6g（精确至0.0001g）于105～110℃烘至质量恒定的基准苯二甲酸氢钾，称3份，分别置于250mL锥形瓶内，加入50mL不含CO_2的蒸馏水使之溶解，加3滴酚酞指示剂，用待标定的氢氧化钠溶液滴定至溶液呈淡粉红色为止。滴定时应不断振荡，但勿使滴定时间过久，以免空气中的 CO_2 溶入而影响标定结果，同时做空白试验。

计算：

$$c = \frac{m \times 1000}{204.22 \times (V_1 - V_2)}$$

式中 c——NaOH 标准溶液的浓度，mol/L

m——苯二甲酸氢钾的质量，g

V_1——滴定苯二甲酸氢钾时消耗氢氧化钠的体积，mL

V_2——空白试验消耗氢氧化钠的体积，mL

204.22——苯二甲酸氢钾的摩尔质量，g/mol

此溶液贮存于塑料瓶中，有效期 2 个月。

3. 仪器

（1）碱式滴定管 25mL 或 50mL。

（2）无色容量瓶 200mL。

4. 操作

（1）将一橡皮管的一端接在取样阀上或放入水样中，让其排水一段时间，然后将橡皮管的另一端插至 200mL 无色容量瓶中，让水样将瓶完全充满不留空隙，用磨口塞塞紧，迅速进行测定，以尽量减少 CO_2 含量的变化。

（2）用猛一振摇容量瓶的方法将 200mL 刻度以上的水样泼出，或用一水射泵小心抽吸，使之准确至 200.0mL 为止。

（3）加入 5 ~ 10 滴酚酞指示剂，小心混匀。

（4）如果水样显红色，则表明水中无游离 CO_2。

（5）如果水样不显红色，迅速用氢氧化钠标准溶液滴定，盖上盖子，轻轻振荡均匀，直至出现粉红色并保持 3min 不褪色。记录所消耗氢氧化钠标准溶液的体积。

5. 计算

$$\text{游离 } CO_2 \text{ 含量 (mg/L)} = \frac{cV \times 44 \times 1000}{V_{样}}$$

式中：c——氢氧化钠标准溶液的浓度，mol/L

V——所消耗氢氧化钠标准溶液的体积，mL

$V_{样}$——取样量，mL

44——CO_2的摩尔质量，g/mol

6. 注意事项

（1）水中游离 CO_2 在存放和运输过程中易于逸失，尤其是含量高时更是如此，因此，最好在采样的现场测定。如果条件不许可，应把水样注满样瓶，并在低于采样时的温度下存放，迅速送到实验室测定，以尽量减少 CO_2 含量的改变。

(2) 如果水样在滴定时出现浑浊，可能是由于硬度过高或水样中存在铁和铝离子等，可在滴定前加 1 滴酒石酸钾钠溶液。

(三) 水中腐蚀性 CO_2 的计算

通过实验得到游离 CO_2 和结合 CO_2 的数据可以得出是否有或以多大的规模存在腐蚀性 CO_2，为此可利用 CO_2 分配表进行计算。

将测量得到的结合 CO_2（mg/L），加上游离 CO_2（mg/L），然后查 CO_2 分配表（表 2－11）得到平衡 CO_2，用游离 CO_2 减去平衡 CO_2 值，即可得到腐蚀性 CO_2 的含量。

$$腐蚀性\ CO_2 = 游离\ CO_2 - 平衡\ CO_2$$

表 2－11　CO_2 分配表

结合＋游离 CO_2/（mg/L）	平衡 CO_2/（mg/L）	结合＋游离 CO_2/（mg/L）	平衡 CO_2/（mg/L）	结合＋游离 CO_2/（mg/L）	平衡 CO_2/（mg/L）
5.06	0	84.25	9.25	209.8	72.3
15.25	0.25	87.9	10.4	216.4	76.4
17.9	0.4	91.5	11.5	223.0	80.5
20.5	0.5	95.3	12.8	230.0	85.0
23.1	0.6	99.1	14.1	236.6	89.1
25.75	0.75	103.1	15.6	243.5	93.5
28.4	0.9	107.2	17.2	250.5	98.0
31.0	1.0	111.5	19.0	258.0	103.0
33.7	1.2	115.75	20.75	265.0	107.5
36.4	1.4	120.25	22.75	272.5	112.5
39.1	1.6	125.0	25.0	280.0	117.5
41.75	1.75	129.8	27.3	287.5	122.5
44.6	2.1	134.5	29.5	295.1	127.6
47.4	2.4	139.8	32.3	302.9	132.9
50.2	2.7	145.0	35.0	310.5	138.0
53.0	3.0	150.3	37.8	318.8	143.8
56.0	3.5	155.75	40.75	326.6	149.1
58.9	3.9	161.3	43.8	334.5	154.5
61.75	4.25	167.0	47.0	342.5	160.0
64.8	4.8	172.7	50.2	350.5	165.5
67.75	5.25	179.0	54.0	358.5	171.0
71.0	6.0	184.9	57.4	366.6	176.6
74.25	6.75	191.0	61.0	374.8	182.3
77.5	7.5	197.2	64.7	383.0	188.0
80.8	8.3	203.5	68.5	399.5	199.5

例2-4：水样结合$CO_2$88.0mg/L，游离$CO_2$52.0mg/L，则结合CO_2+游离CO_2=140.0mg/L。

查表得平衡的CO_2=32.3mg/L，则游离的CO_2（52.0mg/L）-平衡的CO_2（32.3mg/L）=腐蚀性CO_2（19.7mg/L）。

（四）腐蚀性CO_2的定量测定

1. 原理

腐蚀性CO_2与大理石（碳酸钙）作用生成碳酸氢盐，使水中的碳酸氢盐增加，其反应式为：

$$CaCO_3 + CO_2 + H_2O \rightleftharpoons Ca(HCO_3)_2$$

$$Ca(HCO_3)_2 + 2HCl \rightleftharpoons CaCl_2 + 2CO_2 + 2H_2O$$

增加的碳酸氢盐和水样中原来的碱度一起用甲基橙作指示剂，用盐酸标准溶液滴定，并与未加大理石的水样在相同条件下测定的碱度相比较，计算腐蚀性CO_2含量。

2. 试剂

（1）大理石粉末。

（2）甲基橙指示剂（1g/L）　配制同水碱度测定。

（3）0.1mol/L盐酸标准溶液　配制同水碱度测定。

3. 仪器

（1）碱式滴定管　25mL或50mL。

（2）无色容量瓶　200mL。

（3）具塞锥形瓶　500mL。

4. 操作

（1）于500 mL具塞锥形瓶内加入3g大理石粉末，然后用虹吸管注入新取水样至有水样从瓶口溢出，用瓶塞挤出过量的水，塞紧。

（2）置锥形瓶于电动振荡器上，振荡6h，或放置5昼夜，在此期间每天振荡2~3次。

（3）静置，用虹吸管吸出上部清液（必要时可过滤后取其滤液）100.0mL，加入1~2滴甲基橙作指示剂，用0.1mol/L盐酸标准溶液滴定至橙色为终点，记录用量（V_2）。

（4）另取一水样，不加大理石粉末，于取样当日用同样方法滴定，记录用量（V_1）。

5. 计算

$$\text{腐蚀性}CO_2\text{含量}(mg/L) = \frac{(V_2 - V_1)\ c \times \frac{1}{2} \times 44 \times 1000}{V_{\text{样}}}$$

式中　V_1——不加大理石粉末水样消耗盐酸标准溶液的体积，mL

V_2——加大理石粉末后水样消耗盐酸标准溶液的体积，mL

c——盐酸标准溶液的浓度，mol/L

$V_{样}$——取样量，mL

44——CO_2的摩尔质量，g/mol

（五）CO_2 的测定记录

CO_2 的测定记录见表 2－12。

表 2－12　水中 CO_2 的测定记录表

<table>
<tr><td>测定项目</td><td colspan="5">水样 1</td><td colspan="5">水样 2</td></tr>
<tr><td rowspan="3">结合 CO_2</td><td colspan="4">消耗盐酸的体积/mL</td><td rowspan="3">结果/（mg/L）</td><td colspan="4">消耗盐酸的体积/mL</td><td rowspan="3">结果/（mg/L）</td></tr>
<tr><td>1</td><td>2</td><td>3</td><td>平均值</td><td>1</td><td>2</td><td>3</td><td>平均值</td></tr>
<tr><td></td><td></td><td></td><td></td><td></td><td></td><td></td><td></td></tr>
<tr><td rowspan="3">游离 CO_2</td><td colspan="4">消耗 NaOH 的体积/mL</td><td rowspan="3">结果/（mg/L）</td><td colspan="4">消耗 NaOH 的体积/mL</td><td rowspan="3">结果/（mg/L）</td></tr>
<tr><td>1</td><td>2</td><td>3</td><td>平均值</td><td>1</td><td>2</td><td>3</td><td>平均值</td></tr>
<tr><td></td><td></td><td></td><td></td><td></td><td></td><td></td><td></td></tr>
<tr><td rowspan="2">腐蚀性 CO_2的计算</td><td colspan="4">计算过程</td><td>结果/（mg/L）</td><td colspan="4">计算过程</td><td>结果/（mg/L）</td></tr>
<tr><td colspan="4"></td><td></td><td colspan="4"></td><td></td></tr>
<tr><td rowspan="6">腐蚀性 CO_2 的定量测定</td><td colspan="4">反应前消耗盐酸的体积/mL</td><td rowspan="6">结果/（mg/L）</td><td colspan="4">反应前消耗盐酸的体积/mL</td><td rowspan="6">结果/（mg/L）</td></tr>
<tr><td>1</td><td>2</td><td>3</td><td>平均值</td><td>1</td><td>2</td><td>3</td><td>平均值</td></tr>
<tr><td></td><td></td><td></td><td></td><td></td><td></td><td></td><td></td></tr>
<tr><td colspan="4">反应后消耗盐酸的体积/mL</td><td colspan="4">反应后消耗盐酸的体积/mL</td></tr>
<tr><td>1</td><td>2</td><td>3</td><td>平均值</td><td>1</td><td>2</td><td>3</td><td>平均值</td></tr>
<tr><td></td><td></td><td></td><td></td><td></td><td></td><td></td><td></td></tr>
</table>

第七节　啤酒厂洗瓶机碱浓度的测定

一、洗瓶机碱浓度的测定

洗瓶机的碱浓度直接影响到瓶子的洗涤效果，故洗瓶机的碱浓度应该 0.5～1h 测定一次。洗瓶机的碱浓度取决于瓶子脏污的程度，一般情况下，洗瓶机的碱浓度控制在 1%～3%。

（一）$BaCl_2$ 法

1. 原理

洗瓶机的碱中存有溶解的碳酸钠，用酚酞作指示剂，用盐酸标准溶液滴定时，碳酸钠同时与盐酸反应，不能得到氢氧化钠的准确浓度。若在待测碱液中加入 10% $BaCl_2$溶液，则碳酸盐（CO_3^{2-}）会生成 $BaCO_3$沉淀，再用酚酞作指示剂，用盐酸标准溶液滴定，可根据消耗盐酸标准溶液的体积计算氢氧化钠的浓度。

2. 试剂

（1）0. 2mol/L 盐酸标准溶液

配制：量取 36mL 1∶1 的盐酸，用不含 CO_2的蒸馏水稀释至 1000mL，混匀。此溶液的浓度约为 0. 2mol/L。

标定：取分析纯无水碳酸钠（Na_2CO_3）在 180℃烘烤 2h，在干燥器内冷却，准确称取 0. 2 ~0. 3g（准确至 0. 0001g）于 250mL 锥形瓶内，同时称 3 份，各加入 50mL 蒸馏水溶解后，加入 1 ~2 滴甲基橙指示剂，用待标定的盐酸溶液滴定至橙色为终点，记录消耗的体积，按下式计算：

$$c = \frac{2 \times m \times 1000}{106.0 \times V}$$

式中 c——盐酸标准溶液的浓度，mol/L

m——称取的无水碳酸钠的质量，g

V——滴定消耗盐酸的体积，mL

106. 0——碳酸钠的摩尔质量，g/mol

（2）酚酞指示剂（1g/L） 配制同水碱度测定。

（3）10% $BaCl_2$溶液。

3. 仪器

滴定分析常用玻璃仪器。

4. 操作

（1）吸取 10. 0mL 碱液于 250mL 锥形瓶中。

（2）加入 5mL 10% 氯化钡溶液和 20 ~30mL 蒸馏水。

（3）加入 2 ~3 滴酚酞指示剂。

（4）用 0. 2mol/L 盐酸标准溶液滴定至红色刚好消失即为终点，记录消耗盐酸标准溶液的体积。

5. 计算

$$\text{NaOH 浓度（g/100mL）} = \frac{cV \times 40}{V_{样} \times 1000} \times 100$$

式中 V——滴定消耗盐酸标准溶液的体积，mL

c——盐酸标准溶液的浓度，mol/L

$V_{样}$——取样量，mL

40——氢氧化钠的摩尔质量，g/mol

（二）双指示剂法

1. 原理

取一定量的碱液，以酚酞作指示剂，用盐酸标准溶液滴定至红色刚好消失，记录消耗盐酸标准溶液的体积（V_1），碱液中的 NaOH 全部中和，Na_2CO_3被中和

成 HCO_3^-。然后向溶液加入甲基橙指示剂，继续用盐酸标准溶液滴定至橙色，记录所消耗的体积（V_2）。根据 V_1 和 V_2 计算 NaOH 的浓度。

2. 试剂

（1）0.2mol/L 盐酸标准溶液　配制同 $BaCl_2$ 法。

（2）酚酞指示剂（1g/L）　配制同水碱度测定。

（3）甲基橙指示剂（1g/L）　配制同水碱度测定。

3. 仪器

滴定分析常用玻璃仪器。

4. 操作

（1）吸取 10.0mL 碱液于 250mL 锥形瓶中。

（2）加入 20~30mL 蒸馏水和 2~3 滴酚酞指示剂。

（3）用盐酸标准溶液滴定至红色刚好消失，记录消耗盐酸标准溶液的体积（V_1）。

（4）再加入 1~2 滴甲基橙指示剂，继续用盐酸标准溶液滴定至溶液由黄色变为橙色，记录消耗的体积（V_2）。

5. 计算

$$\text{NaOH 浓度（g/100mL）} = \frac{c\ (V_1 - V_2)\ \times 40}{V_{样} \times 1000} \times 100$$

式中　V_1——以酚酞作指示剂时所消耗盐酸标准溶液的体积，mL

V_2——先以酚酞作指示剂滴定后，再加甲基橙作指示剂滴定时所消耗盐酸标准溶液的体积，mL

c——盐酸标准溶液的浓度，mol/L

$V_{样}$——取样量，mL

40——氢氧化钠的摩尔质量，g/mol

（三）碱浓度测定记录

碱浓度测定记录见表 2-13。

表 2-13　碱浓度测定记录表

测定时间	$BaCl_2$ 法消耗盐酸的体积/mL	消耗盐酸的体积 V_1/mL	消耗盐酸的体积 V_2/mL	碱浓度/（g/100mL）

二、啤酒瓶中残留碱的检查

啤酒厂通常用碱洗涤啤酒瓶，在洗瓶过程中有时会出现洗瓶机的后喷淋不是百分之百的正常时，瓶子就不能彻底被冲洗干净，瓶内存有残碱。残留在啤酒瓶中的碱不仅影响啤酒的质量，而且会对人体有严重的伤害。

1. 原理

碱能使酚酞变红，如果啤酒瓶中残留有碱，加酚酞后会出现红色。

2. 试剂

酚酞指示剂（1g/L）：配制同水碱度测定。

3. 操作

浅色瓶：于瓶中加入 3 ~4 滴酚酞指示剂，若产生红色则瓶中有残留碱。

深色瓶：先将瓶用 5 ~10mL 蒸馏水润洗后倒入一烧杯中，再加入 3 ~4 滴酚酞指示剂，观察是否产生红色。

复习思考题

1. 简述水 pH 的测定原理。
2. 什么是水碱度，什么是 P 值、M 值？
3. 水碱度由什么物质组成？哪种组成对水的 pH 影响最大？为什么？
4. 简述 P 值、M 值的测定原理，写出化学反应式。
5. 测定水中 OH^-、CO_3^{2-}、HCO_3^- 的滴定曲线。
6. 简述几种常见的酸碱指示剂的变色范围。
7. 简述酸碱指示剂的变色原理。
8. 有水分析的结果，请填空，并评价该水的水质。

CaH ______°d　　Ca^{2+} ______ mg/L　　P 值______　　M 值______

MgH ______°d　　Mg^{2+} ______ mg/L　　GA ______°d

GH ______°d　　Fe^{3+} ______ mg/L　　RA ______°d

KH ______°d　　HCO_3^- ______ mg/L　　结合 CO_2______ mg/L

NKH ______°d　　SO_4^{2-} ______ mg/L

负硬度______°d

9. 水碱度对糖化有何影响？
10. 有两水样分析结果如下：样品 A P 值 0.3，M 值 0.8；样品 B P 值 0.8，M 值 1.0。请说明此两水样碱度的组成情况，分别计算两水样的各种碱度。
11. 什么是水硬度，硬度有哪几种分类方法？
12. 硬度有哪些表示方法？

13. 什么是水的碳酸盐硬度，碳酸盐硬度由哪些物质组成？

14. 碳酸盐硬度对糖化有什么影响？

15. Ca^{2+}对啤酒酿造有什么作用？

16. 总硬度的测定原理是什么？如何计算？

17. 对于碱度较高的水，在测定其钙硬度时应该怎样处理？为什么要处理？请写出化学反应式。

18. 简述水中Cl^-的测定原理，并写出化学反应式。

19. 用硝酸银滴定水中的Cl^-为什么要在中性和弱碱性溶液中进行？

20. Cl^-在酿造用水中有何作用？

21. 测定水中游离CO_2时应注意什么？

22. 计算水的残余碱度 RA。

23. 简述酿造用水的水质要求。

24. 简述洗瓶机碱浓度的测定原理，测定洗瓶机碱浓度除了酸碱滴定法外，还有其他方法吗？

25. 取洗瓶机碱液 10.0mL，用酚酞作指示剂，消耗 0.5012mol/L HCl 标准溶液 8.45mL，继续用甲基橙作指示剂，又消耗 2.30mL，请计算洗瓶机碱中氢氧化钠的浓度。

第三章 麦芽分析

知识目标

1. 通过本章的学习掌握麦芽的机械物理检验；
2. 掌握协定麦汁的制备方法；
3. 掌握麦芽所有化学检验的测定原理和测定方法。

技能目标

1. 通过本章的学习，能准确地进行麦芽的全分析；
2. 能正确地评价麦芽的质量；
3. 能根据麦芽的分析结果正确地制定合理的糖化工艺。

第一节 麦芽的质量要求

麦芽是制麦厂和啤酒厂制麦车间的产品，是啤酒生产的主要原料。麦芽的质量直接影响啤酒生产的正常进行和成品啤酒的质量，同时也关系到啤酒生产的经济性。只有均匀、稳定、优良的麦芽，才能保证正常的生产过程，才能酿造出高品质的啤酒。

全面了解麦芽的质量状况，并在糖化生产中进行合理的使用，对麦芽质量进行检测和评价是非常必要的。用于啤酒生产的麦芽除了要符合国家行业标准的要求（QB/T 1686）外，还要满足不同啤酒种类和不同生产设备的要求。

一、感官要求（QB/T 1686—2008）

淡色麦芽：淡黄色，有光泽，具有麦芽香气，无异味。
焦香麦芽：具较浓的焦香味，无异味。
浓色麦芽和黑色麦芽：具有麦芽香气及焦香气味，无异味。

二、理 化 要 求

1. 淡色麦芽的理化要求应符合表 3 -1 的规定

表 3 -1　淡色麦芽理化要求（QB/T 1686—2008）

项目		优级	一级	二级
夹杂物/%	≤	0. 9	1. 0	1. 2
出炉水分/%	≤	5. 0		
商品水分*/%	≤	5. 5		
糖化时间/min	≤	10		15
煮沸	≤	8. 0	9. 0	10. 0
浸出物（以干基计）/%	≥	79. 0	77. 0	75. 0
粗细粉差/%	≤	2. 0		3. 0
α - 氨基氮（以干基计）/（mg/100g）	≥	150	140	
库尔巴哈值/%		40 ~ 45		39 ~ 47
糖化力/WK	≥	260	240	220

注：* 商品水分可按供需双方合同执行。

2. 焦香麦芽、浓色麦芽和黑色麦芽的理化要求应符合表 3 -2 的规定

表 3 -2　焦香麦芽、浓色麦芽和黑色麦芽理化要求

项目			优级	一级	二级
夹杂物/%	≤		0. 9	1. 0	1. 2
出炉水分/%	≤		5. 0		
商品水分*/%	≤		5. 5		
色度/EBC		焦香麦芽	25 ~ 60		
		浓色麦芽	9. 0 ~ 130		
		黑色麦芽	≥130		
浸出物（以干基计）/%	≥	焦香麦芽	60		

注：* 商品水分可按供需双方合同执行。

3. 麦芽的卫生要求应符合表3-3的规定

表3-3 麦芽的卫生要求

项目		啤酒麦芽
无机砷（以As计）/（mg/kg）	≤	0.2
铅（Pb）/（mg/kg）	≤	0.2
镉（Cd）/（mg/kg）	≤	0.1
汞（Hg）/（mg/kg）	≤	0.02
六六六/（mg/kg）	≤	0.05
滴滴涕/（mg/kg）	≤	0.05

第二节 麦芽样品的采集和感官评价

一、麦芽样品的采集

1. 样品的采集原则

参见第一章大麦样品的采集原则。

2. 取样工具

参见第一章大麦样品的取样工具。

3. 容器

参见第一章大麦样品的盛放容器。

4. 取样方法

参见第一章大麦样品的取样方法。

5. 分样方法及样品的存放

参见第一章大麦样品的分样及存放方法。

二、麦芽的感官检验

1. 色泽

（1）检验方法 在自然光线明亮的场所观看麦芽的色泽。

（2）要求 浅色麦芽应为淡黄色而有光泽，无绿色或褐色麦粒。干燥温度太高的麦芽光泽较暗；灰色、无光泽的麦芽是因为浸麦水中铁离子含量太高所致；发霉的麦芽呈绿色、黑色或红斑点；颜色太浅的麦芽可能是因熏硫所致。深色麦芽的颜色应较浅色麦芽深。

2. 气味

(1) 检验方法　将麦芽放在手中用鼻闻其气味，并记录为气味正常（麦芽香味）、有异味（稍有霉味、霉味、霉味严重）。

(2) 要求　浅色麦芽应气味纯正、新鲜，具有麦芽香味，不应有霉味、潮湿味、酸味、焦苦味和烟熏味等异味；深色麦芽应具有麦芽香味及焦香味，无异味。长期贮存或保管不善的麦芽会逐渐失去其固有的香味。

3. 味道

(1) 检验方法　将麦芽放在嘴里咀嚼，感觉其味道。

(2) 要求　浅色麦芽甜味、粉状味；深色麦芽甜味。焦味、咖啡味是干燥温度太高所致。

4. 麦粒形状及均匀性

(1) 检验方法　在自然光线明亮的场所观看麦芽的麦粒形状及均匀性，并记录为颗粒饱满、大小均匀；颗粒饱满、大小不均；颗粒瘦小，大小不均等。

(2) 要求　麦粒应颗粒饱满、大小均匀。大小不均匀是因为制麦时溶解不均匀所造成。

5. 咬碎试验

通过咬碎试验评价麦芽胚乳的溶解情况。

(1) 检验方法　将麦芽放在嘴里咬碎，咬碎时应咬麦粒的尖端，麦芽的玻璃质常常存在于麦粒尖端。

(2) 要求　麦芽应容易咬碎，溶解差的麦芽难咬碎。

三、麦芽感官检验记录

麦芽感官检验记录见表3－4。

表3－4　麦芽感官检验记录表

项目	检验结果	要求（浅色麦芽）
色泽		浅色麦芽应为淡黄色而有光泽
气味		不应有霉味、潮湿味、酸味、焦苦味和烟熏味等异味
味道		浅色麦芽：甜味、粉状味 深色麦芽：甜味
麦粒形状		麦粒应颗粒饱满
咬碎试验		麦芽应容易咬碎

第三节　麦芽的物理检验

一、夹杂物的测定

1．仪器

天平：感量0.02g。

2．操作

称取麦芽样品200.0g（精确至0.1g），拣出样品中的霉粒及其他植物种子、秸秆、土石、铁屑等非麦芽物质，称其质量，计算其所占的百分率。

3．计算

$$X_1 = \frac{m}{200} \times 100$$

式中　X_1——麦芽的夹杂物的质量分数,%

m——拣出的杂质质量，g

所得结果表示至一位小数。

同一样品两次测定结果的绝对差值不得超过算术平均值的10%。

4．要求

麦芽应将根除干净，不含杂草、杂种谷粒、石头、灰尘、谷皮碎片、芽、半粒、霉粒、受损粒等。夹杂物含量不大于0.5%。

二、千粒质量的测定

麦芽的千粒质量与麦粒的溶解成反比，麦粒溶解得越好，其千粒质量越低。通过大麦和麦芽的无水千粒质量可以衡量麦芽的溶解程度。

1．仪器

（1）数粒板　500粒。

（2）天平　感量0.01g。

（3）镊子。

2．操作

（1）拣出麦芽样品中的夹杂物。

（2）随机数出1000粒麦芽颗粒，在天平上称其质量（g）。

（3）做平行试验。

3．计算

$$m_2 = m_1(1 - w)$$

式中　m_2——试样的千粒质量（绝干），g

m_1——直接称量得到的试样风干千粒质量，g

w——试样水分的质量分数,%

所得结果表示至一位小数。

同一样品两次测定结果的绝对差值不得超过算术平均值的 2% 。

4. 注意事项

如果没有数粒板，可以直接人工数粒。

三、百升质量的测定

通过大麦和麦芽的百升质量可以衡量麦芽的溶解和干燥情况，麦芽的溶解和干燥情况越好，差值越大，反之则小。应该注意以百升质量单独衡量麦芽质量没有意义，因为麦芽的水含量、溶解程度、大麦的百升质量都可影响麦芽的百升质量。

1. 仪器

参见第一章大麦百升质量的测定仪器。

2. 操作

参见第一章大麦百升质量的测定操作。

3. 计算

$$\text{麦芽的百升质量（kg/hL）} = 0.25\text{L 麦芽的质量} \times 400$$

四、选 粒 试 验

麦芽的选粒试验用来评价麦芽颗粒的大小及均匀性，以衡量麦芽溶解的均匀性。如果大麦颗粒大小不均匀会造成麦芽溶解不均匀，从而造成麦芽颗粒大小不均匀。

1. 仪器

参见第一章第四节大麦的选粒试验所用仪器。

2. 操作

参见第一章第四节大麦的选粒试验的操作。

3. 计算

参见第一章第四节大麦的选粒试验的计算。

五、切 粒 试 验

通过切粒试验评价麦芽胚乳的性质及麦芽胚乳的溶解情况。麦芽溶解得越好，粉状粒越多；反之，麦芽溶解得越差，玻璃质状粒越多。

1. 仪器

（1）横切粒器。

（2）镊子。

2. 操作

（1）将切粒器的卡刀放在左边，使上下两部分的空穴重合。

（2）取50粒麦芽于空穴中。

（3）在上部分放一塑料块（或金属块）压住麦粒。

（4）左手拿住切粒器和塑料块，右手将卡刀切入麦粒中，使麦粒切断。

（5）将上部分和卡刀推到一边。

（6）分别数出下部分麦粒中的全玻璃质状麦粒数（全灰色的）、半玻璃质状麦粒数（半灰半白）、少量玻璃质状的麦粒数（少量灰色的）及粉状（全白色）的麦粒数。

（7）另取50粒重复上述操作，计算粉状粒的含量。

（8）做平行试验。

3. 计算

$$粉状粒含量(\%) = 100 - (n_1 + \frac{1}{2} \times n_2 + \frac{1}{4} \times n_3)$$

式中 n_1——100粒麦芽中全玻璃质状的麦粒数

n_2——100粒麦芽中半玻璃质状的麦粒数

n_3——100粒麦芽中少量玻璃质状的麦粒数

六、沉 浮 试 验

沉浮试验用于判断麦芽的溶解程度。麦芽溶解得越好，其相对密度越小，上浮的麦粒数越多；反之，麦芽溶解得越差，上浮的麦粒数越少。

1. 仪器

（1）烧杯 1000mL。

（2）玻璃棒。

2. 操作

取麦芽100粒置于盛水的烧杯中，搅动3min后，数其沉下的麦粒数，10min后再数其沉下的麦粒数。取两次沉下麦粒数的平均值。

3. 计算

$$沉降麦粒数含量(\%) = \frac{n_1 + n_2}{2 \times 100} \times 100$$

式中 n_1——3min后沉下的麦粒数

n_2——10min后沉下的麦粒数

七、叶芽长度的测定

正常的发芽过程中麦粒内容物的溶解与叶芽长度成正比，即随着叶芽的生长，麦粒内容物溶解得越好。但在发芽后期往往采取一定的措施控制叶芽的生长，因此平均叶芽长度意义不是很大，更重要的是叶芽长度的均匀性。未经精选或精选不严的大麦直接进入制麦，由于麦粒大小不一样，其化学组成、酶含量以及在浸麦过程中吸收水分的速度不一样，会导致发芽速度和溶解程度出现差异，其叶芽长度就不均匀。叶芽长度不均匀的麦芽会给粉碎、糖化和麦汁的过滤及发酵带来困难，并会影响啤酒的质量。

1. 原理

麦芽在 $CuSO_4$溶液中浸泡后，麦皮呈半透明状，叶芽长度可以从外部观察。比较叶芽长度和麦粒长度，记录不同叶芽长度的麦粒数，计算叶芽长度。

2. 试剂

20% $CuSO_4$ 溶液。

3. 仪器

（1）锥形瓶　250mL。

（2）电炉。

（3）镊子。

4. 操作

（1）取 100 粒样品麦芽放入 250mL 锥形瓶中。

（2）加入约 100mL 20% $CuSO_4$溶液。

（3）将麦粒和 $CuSO_4$溶液加热煮沸 30s。

（4）浸渍 30min 后，用水清洗。

（5）麦皮呈半透明状，叶芽长度从外部可以看出。按图 3－1 叶芽长度分类图分类记录，分别数出Ⅰ、Ⅱ、Ⅲ、Ⅳ、Ⅴ类的麦粒数。

（6）做平行试验。

5. 计算

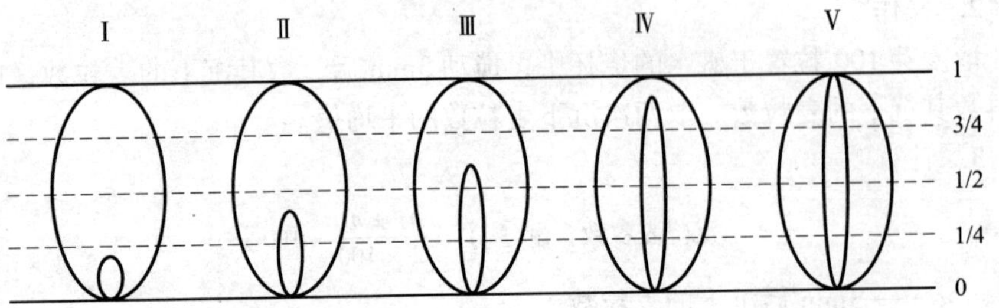

图 3－1　叶芽长度分类图

$$平均叶芽长度 = \frac{n_1 \times \frac{1}{4} + n_2 \times \frac{3}{8} + n_3 \times \frac{5}{8} + n_4 \times \frac{7}{8} + n_5 \times \frac{5}{4}}{100}$$

$$Ⅲ、Ⅳ麦粒含量（\%） = \frac{n_3 + n_4}{100} \times 100$$

式中　n_1——第Ⅰ类的麦粒总数

n_2——第Ⅱ类的麦粒总数

n_3——第Ⅲ类的麦粒总数

n_4——第Ⅳ类的麦粒总数

n_5——第Ⅴ类的麦粒总数

结果表示至一位小数。

例3－1：Ⅰ～Ⅴ类叶芽长度如表3－5，计算平均叶芽长度和Ⅲ＋Ⅳ类麦粒含量。

表3－5　平均叶芽长度计算表（举例）

类别	叶芽长度	计算系数	麦粒数	结果
Ⅰ	$0 \sim \frac{1}{4}$	$\frac{1}{4}$	5	$5 \times \frac{1}{4} = 1.25$
Ⅱ	$\frac{1}{4} \sim \frac{1}{2}$	$\frac{3}{8}$	7	$7 \times \frac{3}{8} = 2.62$
Ⅲ	$\frac{1}{2} \sim \frac{3}{4}$	$\frac{5}{8}$	35	$35 \times \frac{5}{8} = 21.88$
Ⅳ	$\frac{3}{4} \sim 1$	$\frac{7}{8}$	50	$50 \times \frac{7}{8} = 43.75$
Ⅴ	> 1	$\frac{5}{4}$	3	$3 \times \frac{5}{4} = 3.75$
				总数＝73.25

$$平均叶芽长度 = 各类总数 \div 100 = 0.73$$

$$Ⅲ + Ⅳ麦粒含量（\%） = \frac{35 + 50}{100} \times 100 = 85\%$$

八、脆度的测定

麦芽的脆度直接反映麦芽胚乳细胞的溶解情况。脆度越高，麦芽胚乳细胞溶解越好，酶的活力越强，糖化越容易；反之，溶解越差，糖化越困难。麦芽的脆度直接影响麦芽的粉碎。

1. 原理

50g麦芽在一个圆形筛鼓中，通过一个橡皮滚轮与旋转的筛鼓之间的一定压力可以将易碎的麦芽和麦皮压碎后从筛孔中掉下，玻璃质及硬的麦粒或半粒就留在筛鼓内，8min 后将未压破的残留物称量，并将其中的整粒和大于 3/4 的麦粒拣出来称量，分别计算脆度及整粒含量。

2. 仪器

（1）脆度仪　如图 3－2 所示。

（2）天平　感量 0.1g。

3. 操作

（1）按取样方法取样，拣出其中的石块、杂粒。

（2）称取 50.0g 麦芽用漏斗加到筛鼓内。

（3）选定 8min，按下启动键。

（4）快速放下左边的手柄，使橡皮轮压在筛鼓上。

图 3－2　脆度仪

（5）8min 后仪器自动停止，提起手柄，使橡皮轮离开筛鼓。

（6）将护罩和筛鼓小心取下。

（7）小心收集筛鼓内的残留物，并称量。

（8）拣出残留物中的整粒和大于 3/4 粒的麦粒，并称量。

（9）将脆度仪清扫干净。

（10）做平行试验。

4. 计算

$$\text{脆度}(\%) = \frac{50 - m_1}{50} \times 100$$

$$\text{整粒麦芽含量}(\%) = \frac{m_2}{50} \times 100$$

式中　m_1——筛鼓内残留物总质量，g

m_2——残留物中整粒麦芽和大于 3/4 的麦粒质量，g

所得结果表示至一位小数。

5. 注意事项

（1）脆度的测定重点是整粒麦芽含量。

（2）脆度的测定中麦芽水含量应控制在 3%～5%，最好是出炉后尽快测定脆度。如果测定时水含量太高，应将麦芽在低于 40℃ 的温度下缓慢干燥后再测定。

（3）称量时，残留物不应有麦皮。

九、麦芽物理检验记录表

麦芽物理检验记录见表 3－6。

表 3－6 麦芽物理检验记录表

<table>
<tr><td>检测项目</td><td colspan="5">实验记录</td><td colspan="2">结果</td><td>要求</td></tr>
<tr><td rowspan="2">夹杂物</td><td colspan="3">称取样品的质量/g</td><td colspan="2">夹杂物的质量/g</td><td colspan="2">夹杂物/%</td><td rowspan="2">≤0.5%</td></tr>
<tr><td colspan="3"></td><td colspan="2"></td><td colspan="2"></td></tr>
<tr><td rowspan="2">百升质量</td><td colspan="5">0.25L 麦芽的质量/g</td><td colspan="2">百升质量/（kg/hL）</td><td rowspan="2">48～58kg</td></tr>
<tr><td colspan="5"></td><td colspan="2"></td></tr>
<tr><td rowspan="2">千粒质量</td><td colspan="5">千粒质量（风干）/g</td><td colspan="2">千粒质量（绝干）/g</td><td rowspan="2">28～38g 风干麦芽，25～35g 绝干麦芽</td></tr>
<tr><td colspan="5"></td><td colspan="2"></td></tr>
<tr><td rowspan="2">切粒试验</td><td>粉状粒数</td><td>1/4 玻璃质状粒</td><td colspan="2">半玻璃质状粒</td><td>全玻璃质状粒</td><td>粉状麦粒/%</td><td>全玻璃质状麦粒/%</td><td rowspan="2">粉状麦粒＞95%，全玻璃质状麦粒＜2%</td></tr>
<tr><td></td><td></td><td colspan="2"></td><td></td><td></td><td></td></tr>
<tr><td rowspan="2">选粒试验</td><td>2.8mm</td><td>2.5mm</td><td>2.2mm</td><td colspan="2">底板</td><td>I类/%</td><td>等外品/%</td><td rowspan="2">2.5mm 以上＞85%，等外品＜1%</td></tr>
<tr><td></td><td></td><td></td><td colspan="2"></td><td></td><td></td></tr>
<tr><td rowspan="2">沉浮试验</td><td colspan="3">3min</td><td colspan="2">10min</td><td colspan="2">沉降数/%</td><td rowspan="2">沉降粒 30%～35%（浅色麦芽），25%～30%（深色）</td></tr>
<tr><td colspan="3"></td><td colspan="2"></td><td colspan="2"></td></tr>
<tr><td rowspan="2">叶芽长度</td><td>Ⅰ</td><td>Ⅱ</td><td>Ⅲ</td><td>Ⅳ</td><td>Ⅴ</td><td>平均长度</td><td>Ⅲ、Ⅳ/%</td><td rowspan="2">浅色：（叶芽长度）为麦芽长度的 0.7～0.8。Ⅲ＋Ⅳ：＞75%</td></tr>
<tr><td></td><td></td><td></td><td></td><td></td><td></td><td></td></tr>
<tr><td rowspan="2">脆度</td><td colspan="3">残留物质量</td><td colspan="2">整粒质量</td><td>脆度/%</td><td>整粒/%</td><td rowspan="2">脆度＞80%，整粒＜2.0%</td></tr>
<tr><td colspan="3"></td><td colspan="2"></td><td></td><td></td></tr>
</table>

第四节 麦芽的化学检验

一、麦芽水含量的测定

麦芽水含量是麦芽的重要经济指标。麦芽水含量高意味着其风干浸出率低；麦芽水含量反映了麦芽干燥过程的工作质量；在分析中需要用水含量计算绝干值；麦芽水含量直接影响麦芽的粉碎，用同样的粉碎机和相同的辊间距粉碎不同水含量的麦芽，粉碎物的组成不同；水含量高于 7% 的麦芽会失去其香味；水含量太低的麦芽颜色太深。

1．原理

参见第一章第六节大麦水含量的测定原理。

2. 仪器

参见第一章第六节大麦水含量的测定仪器。

3. 操作

参见第一章第六节大麦水含量的测定操作。

4. 计算

$$w = \frac{m_1 - m_2}{m_1 - m} \times 100$$

式中 w——麦芽的水分含量,%

m——称量瓶的质量，g

m_1——烘干前称量瓶加样品的质量，g

m_2——烘干后称量瓶加样品的质量，g

计算结果取两位小数。

同一样品两次测定结果的绝对差值不得超过算术平均值的4%。

二、协定麦汁的制备

协定糖化法是实验室专用于评价麦芽质量的糖化工艺。

1. 仪器

（1）协定糖化仪　带不锈钢糖化杯和转速100r/min的搅拌器（图3-3）。

（2）天平　感量0.01g。

（3）DLFU盘式粉碎机（图3-4）。

（4）漏斗及直径30~32cm折叠的中速滤纸。

（5）玻璃棒、锥形瓶等。

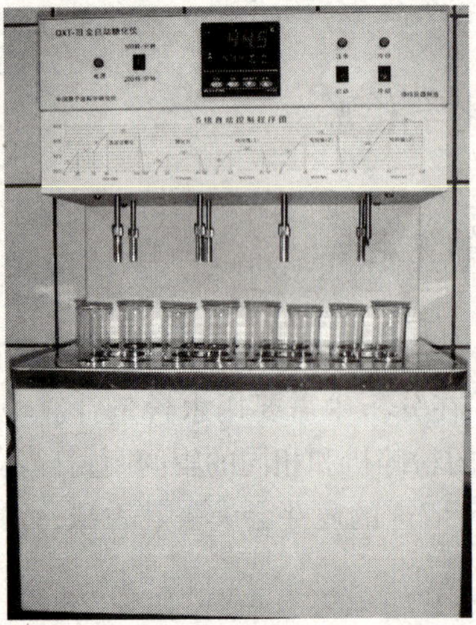

图3-3　协定糖化仪

图3-4　DLFU盘式粉碎机

2．协定糖化曲线

协定糖化曲线见图 3－5。

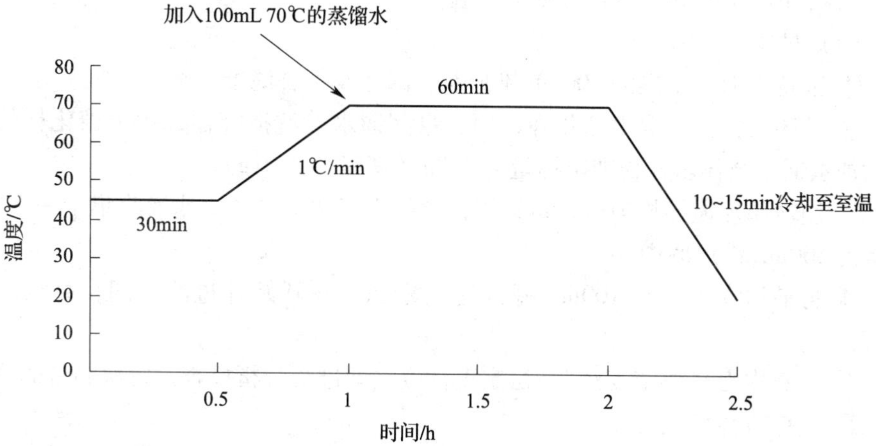

图 3－5　协定糖化曲线

3．操作过程

（1）粉碎

① 分别称出各干净、干燥的糖化杯的质量，精确至 0.01g。

② 预粉碎：将粉碎机用干毛刷彻底打扫干净，检查进料闸是否关闭，将约 30g 麦芽粉碎，弃去麦粉。

③ 细粉的粉碎：调节 DLFU 盘式粉碎机盘间距为 0.2mm，将约 60g 的麦芽进行细粉碎。

④ 粗粉的粉碎：调节 DLFU 盘式粉碎机盘间距为 1.0mm，将约 55g 的麦芽进行粗粉碎。

⑤ 称取细粉样品 50g（精确至 0.01g）于已知质量的糖化杯中。多余的细粉留着测定水含量和蛋白质含量。

⑥ 称取粗粉样品 50g（精确至 0.01g）于已知质量的糖化杯中。

（2）投料

① 将糖化仪温度升到 45℃。

② 向每个糖化杯中加入 200mL 45～46℃的蒸馏水，将糖化杯按前细后粗的顺序放入糖化仪中，安装好搅拌器，选择 100r/min 的搅拌速度，开启搅拌，启动协定糖化程序。

（3）糖化

① 在不断搅拌下于 45℃保温 30min。

② 将醪液以 1℃/min 的速度，在 25min 内升温至 70℃。

③ 温度达到 70℃时，加入 100mL70℃的蒸馏水。保温 10min 时做碘检，每

5min 一次，直至碘检合格。

④ 搅拌下，于70℃保温1h。

⑤ 在 10～15min 内迅速冷却至室温。

（4）过滤

① 准备干净、干燥的500mL 锥形瓶，漏斗及折叠滤纸。

② 关闭搅拌器，取出糖化杯，用少量蒸馏水冲洗搅拌器，擦干糖化杯的外壁，加蒸馏水至杯内容物准确称量为450g（精确至0.01g）。

③ 用玻璃棒搅拌均匀后，迅速用折叠的中速滤纸过滤，滤液收集于一干净、干燥的500mL 锥形瓶中。

④ 将最初收集的约100mL 滤液返回重滤，并开始计过滤时间，直至过滤结束。

⑤ 滤液称为“协定麦汁”，协定麦汁应立即进行分析检查。每次制备的协定麦汁最好在4h 内测定完毕。

三、醪 液 气 味

1. 检验方法

在协定糖化过程中应注意糖化醪的气味，如果气味具有相应麦芽种类的气味则记录为“正常”，否则记录为“不正常”。

2. 要求

浅色麦芽应有典型的麦芽香味，深色麦芽应有浓香味。不应有异味，异味都是气味“不正常”，不正常的醪液气味都会影响啤酒的口味和风味。

四、麦芽糖化时间的测定

麦芽的糖化时间是指麦芽细粉在协定糖化过程中醪液升温到70℃加水开始到碘检结束的时间。

麦芽的糖化时间是麦芽 α－淀粉酶活力的标志，根据糖化时间可以判断淀粉被分解的程度，是确定糖化保温时间的依据，糖化时间短，酶的活性强，对糖化有利。麦芽的糖化时间还反映了麦芽液化能力的大小。

糖化时间的表示方法：10min；10～15min；15～20min。

1. 原理

糖化时间是通过碘液与糖化醪中的淀粉或糊精的反应来确定的。

2. 试剂

碘溶液［c（$1/2I_2$）＝0.02mol/L］：称取1.3g 碘和3.50g 碘化钾，用水溶解并定容至500mL，贮于棕色瓶中，放在暗处保存。该溶液应每月重新配制。

3. 仪器

（1）白瓷滴板或白粉笔。

（2）玻璃棒。

4. 操作

在协定糖化过程中，当糖化杯内醪液温度升到70℃时，向杯中加入100mL 70℃的水开始计时，10min时用玻璃棒取一滴麦芽细粉醪液，置于白粉笔上（或者白瓷滴盘上），冷却后，加一滴碘溶液，观察碘溶液颜色变化，每间隔5min重复一次试验，直至碘液呈纯黄色，记录此时间。

5. 计算

从70℃加水计时开始，至碘液颜色呈黄色不变为止，所需时间为糖化时间。结果以分钟表示。

所得结果表示至整数。

6. I_2试验（碘检）注意事项

（1）碘试验应在冷溶液中进行。

（2）碘试验应在中性和酸性溶液中进行。

（3）碘溶液应在棕色瓶中避光、低温保存。

五、协定麦汁的过滤速度

协定麦汁的过滤速度是指麦芽细粉麦汁在协定糖化过程中过滤时，从麦汁返回重滤开始到全部麦汁过滤结束的总时间。过滤时间在1h以内记为“正常”，过滤时间超过1h记为“慢”。

协定麦汁的过滤速度可以反映麦芽胚乳细胞壁半纤维素和麦胶的降解情况，溶解良好的麦芽过滤速度快；协定麦汁的过滤时间还与麦芽的黏度有关。

协定麦汁的过滤速度与糖化车间麦汁的过滤速度不一定吻合，因为糖化车间麦汁的过滤除受麦芽的影响外还会受粉碎物组成、糖化工艺、过滤设备等因素的影响，因此协定麦汁过滤慢的麦芽，在糖化车间过滤不一定慢。

1. 操作

（1）协定糖化麦汁过滤时，先将称好内含物质450g的糖化杯用玻璃棒搅拌均匀后倒入折叠的中速滤纸上过滤。

（2）将开始过滤的约100mL滤液返回重滤，直至过滤结束。

2. 计算

用返回重滤开始计时，到全部麦汁过滤结束为止所需时间来计算。

六、协定麦汁的清亮度

人们希望协定麦汁是清亮的，但协定麦汁的清亮度并非是质量标准，即协定麦汁是雾状和浑浊的麦芽可能在糖化车间会是清亮的，反之亦然。因为协定麦汁的清亮度受下列因素的影响：大麦的品种和生长条件；发芽方法；干燥的温度；麦芽的溶解度；麦芽的贮藏期。

1. 操作

协定麦汁过滤时，用眼睛观察麦汁的透明度。

2. 结果表示

协定麦汁的清亮度记录为清亮、微雾、雾状和浑浊。

七、麦芽色度的测定

麦芽色度是指麦芽细粉协定麦汁的色度。麦芽色度是麦芽种类的标志，同时可以反映麦芽的干燥情况，干燥温度越高，色度越高。虽然协定麦汁的色度不能代表啤酒的色度，但只有色度低的麦芽才能酿造出色度浅的啤酒。

（一）EBC 比色法（仲裁法）

1. 原理

EBC 比色法以有色玻璃确定了系列标准色度盘，其色度从 2.0 ~ 27.0 EBC 单位。测定时将试样注入一比色皿中，在一定强度的光线下，通过 EBC 比色仪与标准色度盘进行比较，以 25mm 比色皿装试样时颜色相当的标准色度盘确定试样的色度，即为麦芽的色度。

通常测定浅色麦芽的色度用 40mm 的比色皿测定，深色麦芽的色度用 5mm 或 10mm 的比色皿测定。如果测量时所使用比色皿的厚度不是 25mm，其结果都应换算成与 25mm 比色皿的数值相当的值。

2. 试剂

哈同溶液（Hartong）：称取 0.1g（精确至 0.001g）重铬酸钾（$K_2Cr_2O_7$）和 3.5g（精确至 0.001g）亚硝酰铁氰化钠［$Na_2Fe(CN)_5NO \cdot 2H_2O$］，用水溶解并定容至 1000mL，贮于棕色瓶中，置于暗处 24h 后使用。该溶液每月配制一次。

3. 仪器

（1）EBC 比色仪　配有灯源，如图 3－6 所示。

（2）EBC 色度盘　如图 3－7 所示，其范围有 2.0 ~ 6.0EBC，6.0 ~ 10.0EBC，10.0 ~ 18.0EBC，19.0 ~ 27.0EBC。

（3）比色皿　厚度为 5mm、10mm、25mm、40mm 四种规格。

4. 操作

（1）仪器视觉校正　将哈同溶液注入 40mm 比色皿中，用比色仪测定，其标准色度应为 15.0EBC；若使用 25mm 比色皿，其标准色度应为 9.4EBC。若有偏差，在测定样品时，应用下式校正。

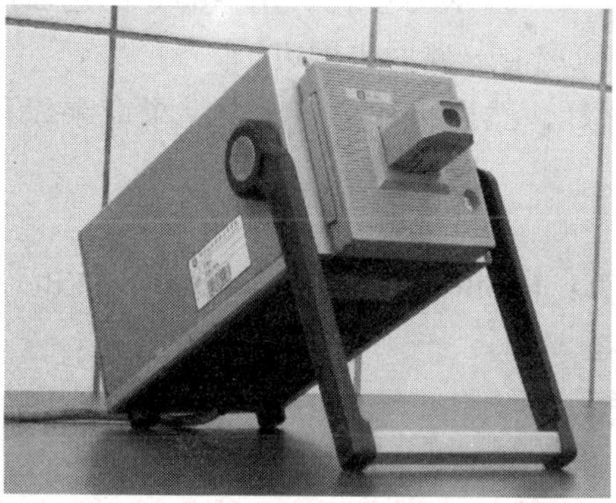

图 3－6　EBC 比色仪

图 3－7　EBC 色度盘

$$X_3 = \frac{15 \times E_1}{E_2}$$

式中　X_3——协定麦汁的色度，EBC

E_1——测定麦汁时的读数，EBC

E_2——测定哈同溶液时的读数，EBC

15——换算系数，EBC

（2）测定

① 将麦芽细粉协定麦汁注入比色皿中，将比色皿放入比色仪。

② 选择合适的比色盘，将样品与标准色度盘在一定强度的光线下（白光）进行比较，并读数。

③ 所有测定值换算成 25mm 比色皿的值。

④ 如果测定深（着）色、黑色麦芽时，应适当稀释后再比色，其结果应乘以其稀释倍数。

5. 计算

$$\text{EBC 色度} = \frac{E_1 \times 25}{l_2} \times n$$

式中　E_1——测定时的读数，EBC

l_2——比色皿的实际厚度，mm

25——换算成标准比色皿的厚度，mm

n——稀释倍数

所得结果表示至一位小数。

色度 2.0～10.0EBC 时，同一试样两次测定值之差，不应大于 0.5EBC；色度大于 10.0EBC 时，稀释样平行测定值之差不应大于 1.0EBC。

6. 注意事项

（1）待测麦汁应过滤结束立即测定色度。

（2）测定色度，要求麦汁在700nm波长下以水为参比，用10mm比色皿测定的吸光度应小于0.02。如果麦汁不清亮应离心分离后再测定。

（3）测定深色麦芽色度时，应适当稀释，然后再比色，所得结果应乘以稀释倍数。

（4）测定人员必须经过辨色力检查。

（5）EBC单位与ASBC色度单位的换算：1ASBC = 0.375EBC + 0.46，1EBC = 2.65ASBC − 1.2。

（二）碘液目视比色法

1. 原理

在与麦汁同体积（100mL）的蒸馏水中，滴加碘标准溶液，使水的颜色与麦汁颜色相同，所消耗的碘标准溶液的体积（mL）即为麦芽的碘液色度。

2. 试剂

碘标准溶液［c（$1/2I_2$）= 0.1mol/L］：称取13.0g碘和35.0g碘化钾溶于100mL水中，稀释至1000mL，摇匀，于棕色瓶中，暗处保存。该溶液应标定。

3. 仪器

（1）比色管　100mL。

（2）白瓷板。

（3）刻度吸管　0.5mL，分度值0.005mL。

4. 操作

（1）取麦芽细粉协定麦汁100mL注入一支比色管中，于另一支比色管注入100mL蒸馏水。

（2）将两支比色管并立于白瓷板上。

（3）用0.5mL刻度吸管将碘标准液逐滴滴入盛有水的比色管中，并不断摇匀，直至该管溶液的颜色与样品颜色相同为止。

（4）记录消耗碘标准溶液的体积，即为该样品的碘液色度。

（5）测定深色麦芽色度时，应适当稀释，然后再比色，所得结果应乘以稀释倍数。

5. 计算

碘液色度与EBC色度的换算

$$\text{碘液色度} = \frac{\text{EBC 色度}}{18} + \left(\frac{\text{EBC 色度}}{36}\right)^2$$

当色度较浅时，可用下式将结果换算成EBC单位。

$$\text{EBC 色度} = \frac{cV}{0.06 \times 0.1000}$$

式中　V——目视比色消耗碘标准溶液的体积，mL

c——碘标准溶液的浓度（$1/2I_2$），mol/L

0.06——碘液与EBC单位近似换算系数，mL/EBC

所得结果表示至两位小数。

同一试样两次测定结果的绝对差值不应超过 0.01mL。

（三）分光光度法

1. 原理

麦汁的颜色越深，在一定波长下的吸光度越大，因此可直接用吸光度来计算其色度。测定时被测定样品必须清亮透明。

2. 仪器

（1）可见光分光光度计。

（2）玻璃比色皿 10mm。

3. 操作

（1）取麦芽细粉协定麦汁注入 10mm 比色皿中。

（2）以蒸馏水作参比溶液在 430nm 处测其样品的吸光度（测定值为色度值）。

（3）以蒸馏水作参比溶液在 700nm 处测其样品的吸光度（测定值为浑浊度）。

4. 计算

$$色度(EBC) = 25.5 \times (A_{430} - A_{700})$$

5. 注意事项

（1）若 $A_{430} \times 0.039 > A_{700}$，则表示样品是透明的，如果样品过滤后不清亮，最好不要采用此方法，因为分光光度计的吸光度曲线没有描述人眼的色感，此外在 430nm 处吸光度曲线非常陡，以至于很容易产生测定误差。

（2）此计算公式只能用于浅色啤酒。

八、麦 芽 pH

麦芽 pH 是指麦芽细粉协定糖化麦汁的 pH，它与糖化生产麦汁的 pH 相互吻合。麦芽的 pH 直接影响醪液的 pH，醪液的 pH 影响糖化时酶的作用效果，溶解好的麦芽和干燥温度合适的麦芽其 pH 较低，酶的作用效果好，其麦芽浸出率高。

1. 原理

参见第二章水 pH 的测定原理。

2. 试剂

参见第二章水 pH 的测定试剂。

3. 仪器

参见第二章水 pH 的测定仪器。

4. 操作

参见第二章水 pH 的测定操作

平行测定结果之差小于 0.1pH 单位。

九、麦芽煮沸色度的测定

煮沸色度是指麦芽细粉协定麦汁经过2h煮沸后的色度。

麦芽的色度不能全面反映麦芽在糖化及麦汁在煮沸过程中色度的变化。在啤酒生产中糖化麦汁在煮沸过程中色度的加深是非线性的，不同品种、不同工艺，其麦芽在煮沸过程中色度的加深程度是不一样的。麦芽煮沸色度比较接近糖化生产中热麦汁色度，实践证明，麦芽煮沸色度与啤酒色度有较为直接的关系。此外用麦芽的煮沸色度替代麦芽色度作为麦芽分类的依据更有意义。

1. 原理

麦汁在回流冷却器中煮沸2h后，用滤纸过滤，滤液用EBC比色计与标准色度盘进行比较，确定其色度，即为麦芽的煮沸色度。

2. 仪器

（1）EBC比色计、标准色度盘。

（2）比色皿　25mm或40mm。

（3）平底烧瓶（标准磨口锥形瓶）　500mL。

（4）球形回流冷却器。

（5）调温电炉。

（6）甘油浴或饱和食盐水浴。

（7）天平　感量0.1g。

3. 操作

（1）取麦芽细粉协定麦汁200mL于500mL标准磨口锥形瓶中，用天平称量，并记录。

（2）将标准磨口锥形瓶置于甘油浴中。

（3）接上回流冷凝管，打开冷却水。

（4）开启电炉，加热沸腾，保持温度（108±2）℃，回流煮沸2h。

（5）取下烧瓶，用自来水冷却至室温，加水到原来的质量。

（6）用中速滤纸过滤，滤液收集于干燥的锥形瓶中，将最初收集的约100mL滤液返回重滤。

（7）按麦芽色度的测定方法测定滤液的色度。

4. 计算

计算方法同麦芽色度测定的计算。

所得结果表示至一位小数。

同一试样两次测定值之差不大于1.0EBC。

5. 注意事项

（1）协定糖化麦汁必须尽快用于煮沸色度的测定，最长不超过2h。

（2）煮沸过程温度一定要保持恒定，最好保持在108℃。甘油浴也可以用饱和食盐水浴代替。

（3）煮沸容器与麦汁的体积比应保持5∶2。

十、麦芽浸出物浓度的测定及浸出率的计算

（一）浸出物含量和麦芽浸出率

（1）麦芽浸出物　是指麦芽经过糖化过程溶解到水中的所有物质的总量，包括糖、糊精、含氮物质、多酚物质、麦胶物质、矿物质等。

（2）浸出物的浓度　指100g样品（麦汁）中所含浸出物的质量（g）。

（3）麦芽浸出率（%）　指100g麦芽经过协定糖化过程溶解到水中的所有物质的总量，它包括麦芽本身的可溶性物质和麦芽在糖化过程中经过酶的作用形成的可溶性物质。

麦芽浸出率是麦芽最重要的经济指标，它反映了麦芽的溶解程度及酶的活性，通过比较麦芽风干浸出率与糖化车间风干收得率，可以反映糖化车间工作的正确性及经济性，人们希望麦芽风干浸出率与糖化车间风干收得率的差值小于1%。

（二）测定方法

方法一：密度瓶测定相对密度

1．原理

用协定糖化法制得协定麦汁，然后用密度瓶测定其相对密度，根据其相对密度查附录九得到麦汁的浸出物含量，再计算麦芽的浸出率。

2．试剂

（1）无水乙醇　分析纯。

（2）乙醚　分析纯。

3．仪器

（1）分析天平　感量0.1mg。

（2）附温密度瓶　25mL或50mL。

（3）高精度恒温水浴　控温精度±0.1℃。

4．操作

（1）密度瓶的洗涤和称量　用铬酸洗液将密度瓶、温度计和小帽泡浸洗后，用自来水冲洗，再用蒸馏水润洗，然后用无水乙醇、乙醚顺次洗涤数次，吹干，在干燥器中冷却至室温，准确称其质量m（精确至0.0001g）。

（2）将煮沸后冷却至15℃左右的蒸馏水注满于一洗净、干燥、质量恒定的密度瓶内，插入温度计（瓶中应无气泡），立即浸入（20±0.1）℃恒温水浴中，待内容物温度达20℃，并至少保持5min不变后取出，用滤纸吸去溢出支管的

水，盖上小帽，擦干瓶壁，立即称量 m_1（精确至0.0001g）。

（3）将水倒去，用协定麦汁反复润洗密度瓶3～5次，然后注满冷却至15℃左右的协定麦汁，按上步进行同样操作，称量 m_2（精确至0.0001g）。

（4）计算得到20℃时麦汁的相对密度，然后从附录九中查得相应的麦芽浸出物含量，再求得麦芽的浸出率。

5. 计算

$$d_{20}^{20}=\frac{m_2-m_1}{m_1-m}$$

式中 d_{20}^{20}——麦汁（20℃）时的相对密度

m——干净、干燥的空密度瓶的质量，g

m_1——密度瓶和水的总质量，g

m_2——密度瓶和麦汁的总质量，g

方法二：糖度计测定糖度

1. 原理

勃力克斯糖度计是根据阿基米德浮力定律制作的。糖度计根据重力和浮力平衡的变化上浮或下沉，样品浸出物含量越高，其密度越大，浸在样品中的糖度计受到向上的浮力越大，糖度计的读数值就越大。糖度计的刻度直接表示样品中所含浸出物的质量分数。

2. 仪器

（1）糖度计　如图3－8所示。

（2）圆柱体容器。

3. 操作

（1）将样品在室温下保存20min，再装入一圆柱体容器中。

（2）用水洗干净糖度计，再用干毛巾擦干，因为黏附在糖度计上的脏物会改变糖度计的质量。洗干净的糖度计不能用手拿它的下部分，应该垂直拿住它的上部分。

（3）选择合适的糖度计，糖度计量程的选择应由小到大，直至合适量程。用待测溶液润洗糖度计，将糖度计在不碰壁的情况下慢慢放入待测溶液中，轻轻转动一下糖度计，赶走黏附在糖度计上的气泡。

（4）3min后，按糖度计上标明的读数方式进行读数。如果糖度计上没有标明，一般是按下面读数（如图3－9所示）。

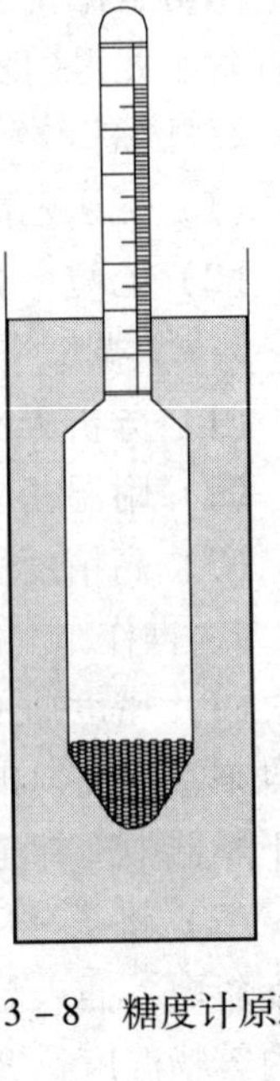

图3－8　糖度计原理

4. 糖度计的校正

勃力克斯糖度计以20℃为规定温度，而往往测定不是

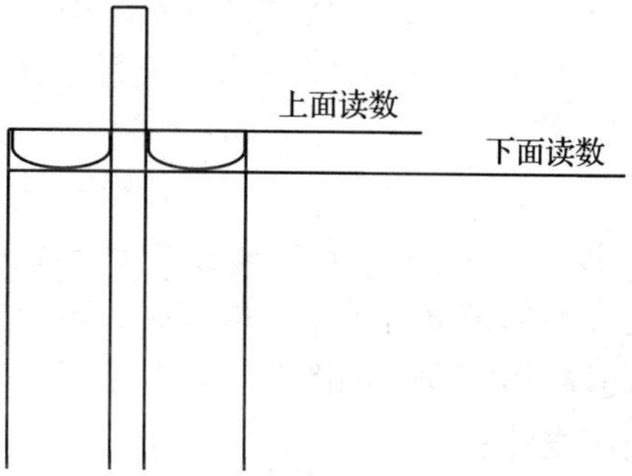

图 3－9 糖度计的读数方式图

正好在 20℃ 进行。当温度高于 20℃，糖度计显示值比实际值小；温度低于 20℃，糖度计显示值比实际值大。因此使用糖度计时必须要进行温度校正。

在读数时直接从糖度计上读出校正值，再计算求出实际值。

测定温度高于 20℃时：实际值 = 糖度计显示值 + 校正值。

测定温度低于 20℃时：实际值 = 糖度计显示值 − 校正值。

5. 注意事项

测定协定麦汁浸出物的浓度只能使用读数范围窄的糖度计，如读数范围为 7.00～8.00 和 8.00～9.00 的糖度计，否则会影响测定结果的准确度。

方法三：密度计测定密度

1. 原理

同糖度计的原理。

2. 仪器

密度计：如图 3－10 所示。

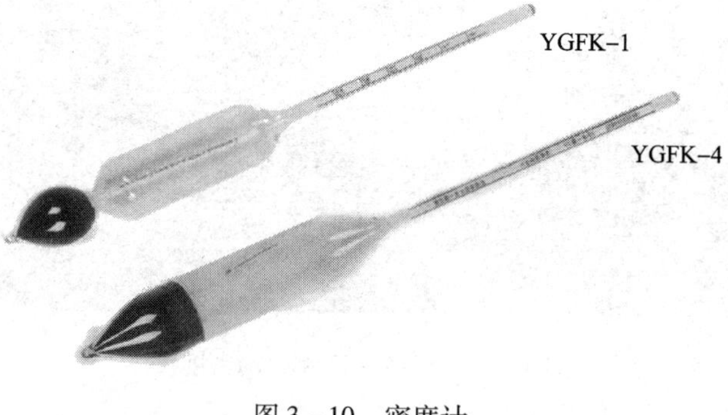

图 3－10 密度计

3. 操作

参见糖度计的使用。

4. 校正方法

参见糖度计的校正方法，其校正值应加到或减到第四位小数上。

根据测得的密度从密度与浸出物含量对照表中查得浸出物的含量。

方法四：密度仪测定密度

1. 原理

DMA－48 型自动密度仪是使用 U 形振荡管测定样品的密度。装有样品的 U 形振荡管的振动频率与样品的密度有关，密度越高，振动频率越低，通过测定 U 形振荡管的频率可得到样品的密度，如图 3－11 所示。查表得到麦汁浸出物的含量或者直接从仪器上读出麦汁浸出物的含量。

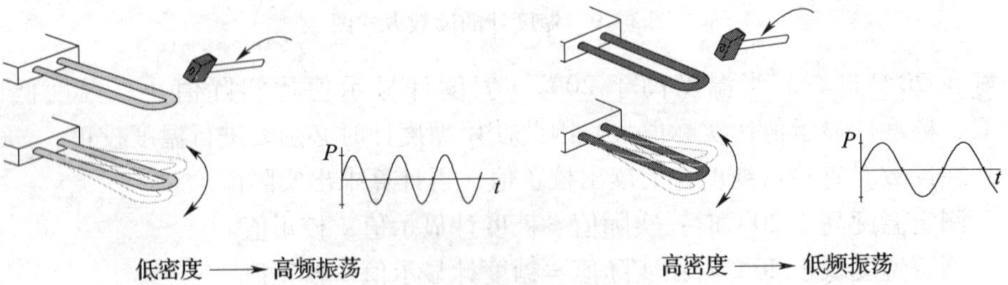

图 3－11　密度仪原理图

2. 仪器

DMA－48 型自动密度仪如图 3－12 所示。

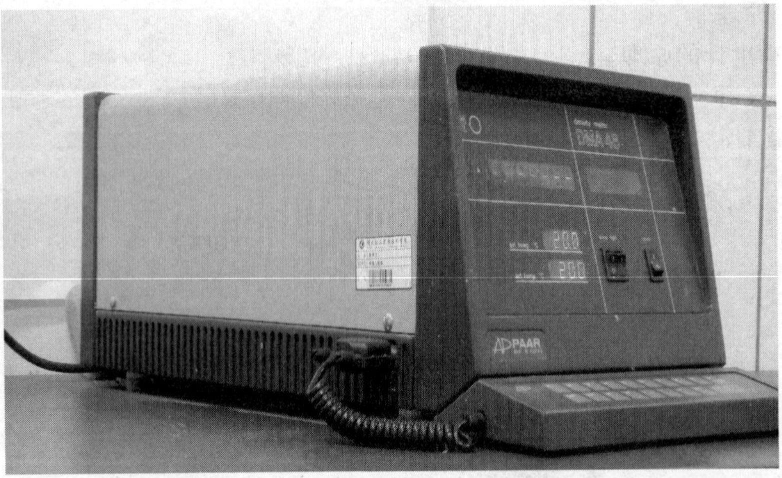

图 3－12　DMA－48 型自动密度仪

3. 操作

（1）打开仪器电源开关，等待试样室的温度达到 20℃。

（2）打开试样室的灯。

（3）用塑料注射器将已处理好的样品注入振荡管，不得有气泡。

（4）关掉灯，维持温度的稳定，在此期间不要拔掉注射器。

（5）当样品的温度稳定在20℃时，“×”不再闪烁，从仪器上读出样品的密度或直接读出浸出物浓度。

（6）测量完毕，用重蒸馏水清洗最少5次，连接气室，打开泵，吹干振荡管。

（7）关机：仪器不必每天关机，只是在休息日才关机。

（8）仪器一般每周校正一次。

（9）从密度与浸出物含量对照表中查得相应的麦汁浸出物的含量。

4. d_{20}^{20}与d_4^{20}的关系

$$d_{20}^{20} = \frac{d_4^{20}}{0.99823}$$

（三）麦芽浸出率的计算

$$\text{风干浸出率}\ E_{\text{风干}}(\%) = \frac{P(800 + W)}{100 - P}$$

$$\text{无水浸出率}\ E_{\text{无水}}(\%) = \frac{P(800 + W) \times 100}{(100 - P)(100 - W)}$$

式中 W——麦芽的水含量,%

P——麦汁的浸出物含量,%

800——加入100g麦芽粉中水的质量，g

所得结果表示至两位小数。

同一样品两次测定结果的绝对差值不得超过算术平均值的0.5%。

十一、麦芽粗细粉差

粗细粉差是指麦芽细粉与粗粉的无水浸出率之差。

粗细粉差反映麦芽胚乳细胞的溶解情况，麦芽胚乳细胞溶解越好，其胚乳组织越疏松，酶的活力越高，粗细粉差越小。粗细粉差直接影响麦芽的粉碎；对糖化也有影响，粗细粉差小的麦芽糖化保温时间也可以短一些或免去分醪煮沸。麦芽的粗细粉差与浸出率、最终发酵度及麦汁黏度有关，低的粗细粉差，浸出率高，最终发酵度高，麦汁黏度低，过滤时间短。

1. 原理

用麦芽细粉（0.2mm的磨间距）和粗粉（1.0mm的磨间距）分别按协定糖化法制备麦汁，分别测定其浸出物的含量，计算细粉和粗粉的无水浸出率，两者之差即为麦芽的粗细粉差。

2. 仪器

同浸出物含量的测定仪器。

3. 操作

(1) 按协定糖化法制备粗粉和细粉协定麦汁。

(2) 按浸出物的测定方法分别测定细粉和粗粉麦汁浸出物的含量。

(3) 按浸出率的计算方法分别计算出细粉和粗粉的无水浸出率。

4. 计算

粗细粉差 = 细粉浸出率(无水) - 粗粉浸出率(无水)

所得结果表示至两位小数。

同一样品两次测定结果的绝对差值不得超过算术平均值的 17%。

十二、麦芽最终发酵度的测定

麦芽最终发酵度即麦芽细粉协定麦汁的最终发酵度，是指在理想的发酵条件下，将麦汁接种酵母，使之发酵至终了，发酵前后浸出物含量的差值占总浸出物的百分率。

麦芽的最终发酵度反映麦芽 β - 淀粉酶的活力，反映协定麦汁中可发酵性浸出物所占的比率，对制定糖化工艺有很大的指导意义。此外生产淡爽型啤酒必须选用最终发酵度高的麦芽。

麦芽的最终发酵度不等于生产麦汁的最终发酵度，因此不能用麦芽的最终发酵度判断糖化生产热麦汁的最终发酵度。

(一) 影响麦芽最终发酵度的因素

(1) 大麦的品种。

(2) 大麦的生长条件。

(3) 大麦的生长期。

(4) 制麦方法。

(二) 测定方法

方法一：发酵管法

1. 原理

将协定麦汁接种酵母，在发酵管中在最理想的发酵条件下发酵至终了，分别测定发酵前和发酵后的浓度，计算最终发酵度。

2. 试剂

(1) 硅藻土。

(2) 酵母(发酵力强)。

3. 仪器

(1) 发酵管　带橡皮塞，如图 3 - 13 所示。

(2) 天平　感量 0.1g。

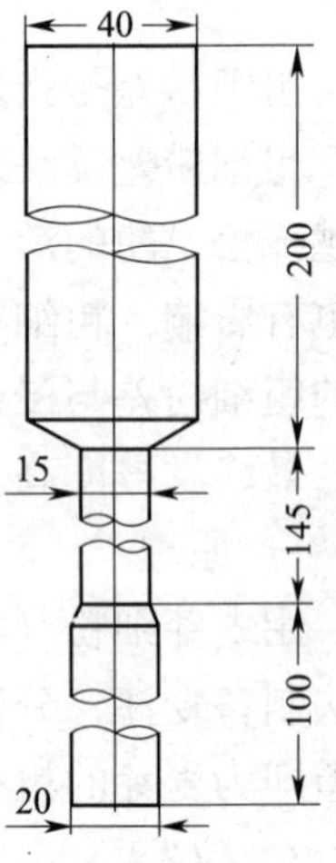

图 3 - 13　发酵管

（3）滤纸、真空泵、抽滤瓶、布氏漏斗。

（4）密度仪或密度瓶。

（5）烧杯 500mL。

4. 操作

（1）取 200mL 测量过浓度的麦芽细粉协定麦汁于一干燥的 500mL 烧杯中，用天平称量，并记录。

（2）将麦汁缓慢加热至沸腾，并煮沸 2 ~ 4min，以破坏酶的活力。

（3）冷却后，用蒸馏水将其调至原质量。

（4）加入 15g 抽滤过的酵母，用玻璃棒搅拌均匀后倒入一干燥的、下面用橡皮塞塞好的发酵管中。

（5）为了避免泡沫溢出，滴入 2 ~ 4 滴消泡剂，并用锡箔纸盖好发酵管。

（6）在 20 ~ 25℃ 的温度下发酵约 24h。

（7）将发酵终了的溶液用加了硅藻土（约 1.5g）的折叠滤纸过滤。

（8）测定滤液的浓度。

5. 计算

$$EV = \frac{P_1 - P_2}{P_1} \times 100\%$$

式中 EV——麦汁最终发酵度,%

P_1——发酵前麦汁的浓度,%

P_2——发酵后麦汁的浓度,%

6. 测定条件和注意事项

（1）协定麦汁必须先煮沸。

（2）发酵温度 20 ~ 25℃。

（3）酵母添加量大，以免去酵母细胞的增殖。

（4）使用新鲜发酵力强的酵母。

（5）酵母要抽干，否则会稀释。

（6）发酵时间要控制好，以免发酵不足或酵母自溶。

（7）发酵过程要使发酵液处于运动状态。

（8）测定过程中所使用的仪器必须干燥。

（9）要控制消泡剂的使用量。

方法二：振荡法

1. 原理

参见方法一的测定原理。

2. 试剂

参见方法一的试剂。

3. 仪器

（1）锥形瓶 500mL（带棉塞）。

（2）振荡器　可调节速度。

（3）浓度测定仪器或密度瓶。

（4）天平　感量0.1g。

（5）滤纸、硅藻土、真空泵、抽滤瓶、布氏漏斗等。

4. 操作

（1）取约200mL测量过浓度的麦芽细粉协定麦汁于一干燥的500mL锥形瓶中，称其总质量。

（2）用电炉缓慢加热至沸腾，并煮沸2～4min。

（3）冷却后，用蒸馏水将其调至原质量。

（4）加入15g抽滤过的酵母泥，用玻璃棒搅拌使酵母均匀扩散到麦汁中，将锥形瓶塞上棉塞。

（5）将锥形瓶放在振荡器上，在20～25℃的温度下慢速振荡约24h。

（6）将发酵终了的溶液用加了硅藻土（约1.5g）的折叠滤纸过滤。

（7）测定滤液的浓度。

5. 计算

参见方法一的计算。

十三、麦芽黏度的测定

黏度是流体黏滞性的一种量度，为流体内部阻碍其相对运动的一种特性，黏度大表示内摩擦力大。液体的黏度大小随温度升高而减小。纯水在20℃时的绝对黏度为1mPa·s。

麦芽的黏度是指麦芽细粉协定麦汁的黏度。麦芽的黏度可以反映麦芽胚乳细胞壁半纤维素和麦胶物质的降解情况，溶解好的麦芽有较低的黏度。麦芽的黏度会影响麦汁的过滤，黏度越大，麦汁的过滤越困难，而啤酒的泡沫较好。一般情况下麦芽的黏度与麦芽的粗细粉差、脆度及其整粒含量有着密切的关系。

1. 原理

在20℃时，适宜密度的球体在液体中下落一定距离所需时间随液体黏度的大小而改变，黏度越大，球体下落的时间越长。通过测定球体从试样管上线落至下线的时间，结合协定麦汁的浓度可计算出麦芽的黏度，并换算成8.6%的浓度时的黏度即为麦芽的黏度。

2. 仪器

（1）黏度计　Höppler黏度计或其他适于麦汁黏度范围的黏度计，如图3－14所示。

（2）超级恒温水浴　精度±0.1℃。

图 3-14　黏度计

（3）秒表。

（4）吸管。

3. 操作

（1）将黏度计与超级恒温水浴连接，调节水浴温度，使黏度计夹套内水温准确控制在（20 ±0.1)℃。

（2）用麦芽细粉协定麦汁清洗黏度计的下落柱体。

（3）用吸管将预先调温至 20℃的麦芽细粉协定麦汁注入柱体管内至边缘，不能有气泡。

（4）按照说明书的要求，根据试液的密度，选用适宜密度的球体放入待测试液中，盖上柱体的盖子。

（5）调节黏度计的支脚螺母，使黏度计的水准仪处于水平位置上。

（6）等待被测试样恒温到 20℃后，旋转黏度计的玻璃柱体 180°，球体向下落，当球体落至柱体上刻度线时，用秒表开始计时，直至球体落至柱体下刻度线时停止计时，准确记录下落时间。

（7）将黏度计玻璃体倒转 180°，再次测量球体下落时间。重复测定，求平均值。

4. 计算

$$\mu = t \times (\rho_1 - \rho_2) \times F$$

式中　μ——麦汁的黏度，mPa·s

t——球体下落的时间，s

ρ_1——球体密度（由仪器资料给出）

ρ_2——麦汁密度

F——球体系数（由仪器资料给出），mPa

为了更好地对比分析结果，将浓度换算至8.6%。但浓度的变化和试液黏度的变化并不是呈直线关系，因此要选择一换算方法。根据Zurcher的换算方法，表示如下：

$$w_4 = \frac{w_1 \times w_2}{w_3}$$

式中 w_1——要求换算的试液浓度,%

w_2——根据被测定试液的黏度，查附录六求得的试液的浓度,%

w_3——实测的试液浓度,%

w_4——换算成与要求换算的试液浓度相对应的浓度，由此浓度查附录六所求出的试液黏度即为换算至规定浓度的麦汁黏度

例3-2：实验室测得协定麦汁的浓度为8.76%。根据球体下落的时间计算得到的黏度为1.582mPa·s，查表得到其对应的浓度为8.53%。

$$w_4 = \frac{8.6 \times 8.53}{8.76} = 8.37\%$$

通过查表，浓度为8.37%对应的黏度为1.567mPa·s。因此该麦芽的黏度应为1.567mPa·s。

所得结果以“mPa·s”表示，取三位小数。

同一样品两次测定结果的绝对差值不得超过0.05mPa·s。

5. 注意事项

（1）测定黏度，必须准确地控制温度才有意义。

（2）玻璃柱体内不得有气泡。

（3）读数时黏度计的水准仪应处于水平位置上。

十四、蛋白质含量的测定

麦芽蛋白质含量决定于大麦蛋白质含量和制麦过程中蛋白质的溶解程度，麦芽蛋白质含量一般要比大麦蛋白质含量低0.1%~0.5%。麦芽蛋白质含量会影响糖化过程、啤酒的发酵、啤酒的泡沫、啤酒的过滤、啤酒的非生物稳定性等。

1. 原理

参见第一章第六节大麦蛋白质的测定原理。

2. 试剂

参见第一章第六节大麦蛋白质测定所用试剂。

3. 仪器

参见第一章第六节大麦蛋白质测定所用仪器。

4. 操作

参见第一章第六节大麦蛋白质测定操作。

5. 计算

$$总氮含量(\%)=\frac{c(V_2-V_1)\times 14}{m(1-w)\times 1000}\times 100$$

$$蛋白质含量(\%)=总氮含量\times 6.25$$

式中 V_1——空白测定中所消耗盐酸标准溶液的体积，mL

V_2——样品测定中所消耗盐酸标准溶液的体积，mL

c——盐酸标准溶液的浓度，mol/L

m——称取试样的质量，g

w——样品中水分的质量分数,%

14——氮的摩尔质量，g/mol

6.25——总氮与蛋白质的转换系数

所得结果表示至两位小数。

同一样品总氮的两次测定结果的绝对差值不应超过算术平均值的3.3%。

十五、可溶性氮的测定

麦芽可溶性氮是指100g干麦芽经过协定糖化过程溶解出来的含氮物质的总量。它反映麦芽蛋白酶的活力以及在制麦过程中蛋白质的溶解状况。

1. 原理

在酸性条件下，缓慢加热蒸发麦汁中的水分，然后同大麦蛋白质的测定同样消化、蒸馏、滴定。

2. 试剂

参见第一章第六节大麦蛋白质测定所用试剂。

3. 仪器

参见第一章第六节大麦蛋白质测定所用仪器。

4. 操作

（1）取25.00mL测定过浓度的麦芽细粉协定麦汁于定氮管中。

（2）加入0.2~0.5mL浓H_2SO_4，在通风橱中，于煤气灯火焰上加热蒸发至近干（呈浆糊状），或者于消化器上装上排气管小心蒸发至近干（呈浆糊状），冷却。

（3）同大麦蛋白质的测定消化、蒸馏、滴定。

（4）做平行试验。

（5）按上述方法取25.00mL蒸馏水做空白试验，记录消耗盐酸标准溶液的体积。

5. 计算

$$N=\frac{(V_2-V_1)\times c\times 14\times E_{无}}{P\times \rho\times 1000\times V_{样}}\times 100$$

式中 N——麦芽的可溶性氮含量,%

V_1——空白试验中消耗标准盐酸溶液的体积，mL

V_2——样品试验中消耗标准盐酸溶液的体积，mL

c——盐酸标准溶液的浓度，mol/L

$E_{无}$——麦芽的无水浸出率，%

P——协定麦汁所含的浸出物，g

ρ——协定麦汁 20℃时的密度

$V_{样}$——所取样品的体积，mL

14——氮摩尔质量，g/mol

所得结果表示至两位小数。

同一样品两次测定结果的绝对差值不应超过算术平均值的 4% 。

十六、蛋白溶解度（库尔巴哈值）

麦芽蛋白溶解度又称“库尔巴哈值”，是指麦芽细粉协定麦汁的可溶性氮占麦芽总氮的百分率。

1. 原理

蛋白溶解度反映麦芽蛋白酶的活力，反映麦芽可溶性氮中高分子氮、中分子氮、低分子氮的组成比例。蛋白溶解度对确定实际生产糖化的投料温度及蛋白分解温度和时间有非常重要的指导意义。蛋白质溶解不足会影响发酵过程、啤酒的风味、啤酒的非生物稳定性；蛋白质溶解过于彻底，会导致啤酒的泡持性差、醇厚性和杀口力不足。

蛋白溶解度是一个相对数，应结合麦芽的总氮含量进行麦芽质量的评价。

2. 计算

$$蛋白溶解度(\%) = \frac{N_{可溶}}{N_{总}} \times 100$$

式中 $N_{可溶}$——麦芽的可溶性氮含量，mg/100g 无水麦芽

$N_{总}$——麦芽总氮含量，mg/100g 无水麦芽

十七、α-氨基氮的测定（茚三酮法）

α-氨基酸是指一类具有特殊结构的低分子氨基酸，α-氨基酸是在发酵过程提供给酵母的营养。麦芽 α-氨基氮的含量反映麦芽蛋白酶的活性。将麦芽 α-氨基氮与麦芽的蛋白质溶解度、总氮联系起来能更准确地反映麦芽蛋白酶的活性、蛋白质的分解情况，并对糖化工艺的制定有很重要的指导意义。

1. 原理

茚三酮反应是 α-氨基酸最著名的显色反应。茚三酮是一种氧化剂，它能使

α－氨基酸脱羧氧化生成 CO_2、NH_3 和比原来少一个碳原子的醛，同时茚三酮被还原为还原态的茚三酮。

还原态的茚三酮与氨气和氧化态的茚三酮脱水缩合，生成蓝紫色的缩合物，其颜色的深浅与 α－氨基酸的含量成正比，在波长 570nm 处有最大吸收，测定其吸光度，计算 α－氨基氮的含量。

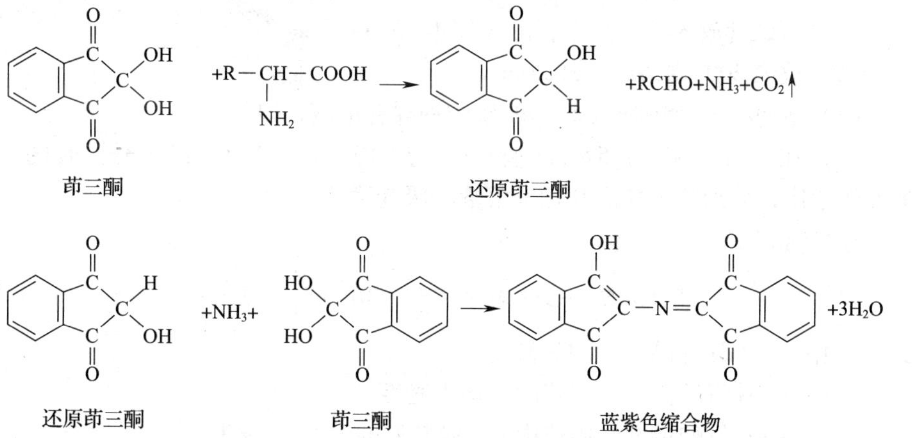

2. 试剂

（1）显色剂　称取 10g 磷酸氢二钠（$Na_2HPO_4 \cdot 12H_2O$）、6g 磷酸二氢钾（KH_2PO_4）、0.5g 水合茚三酮、0.3g 果糖，用水溶解并定容至 100mL，此溶液 pH 应在 6.6～6.8。将溶液贮于棕色瓶中，放入冰箱内保存，一周内使用有效。

（2）稀释溶液　称取 2g 碘酸钾（KIO_3）溶于 600mL 水中，加入 400mL 96%（体积分数）乙醇，于 5℃贮存。

（3）甘氨酸标准贮备液　称取 0.1072g 甘氨酸，用水溶解，并定容至 100mL，于 0～5℃贮存。此溶液含 α－氨基氮 200mg/L。

（4）甘氨酸标准使用液　吸取 1.00mL 甘氨酸标准贮备液，用水稀释至 100mL。使用时配制。此标准使用液含 α－氨基氮 2mg/L。

3. 仪器

（1）可见光分光光度计。

（2）沸腾水浴。

（3）恒温水浴　(20 ± 0.1)℃水浴。

（4）试管　16mm × 160mm。

（5）玻璃球　直径 20～25mm。

（6）移液管　1mL、2mL、5mL。

4. 操作

（1）样品的制备　取麦芽细粉协定麦汁 1.00mL 置于 100mL 容量瓶中，用水稀释至刻度，混合均匀。

（2）取7支试管并编号，于1、2、3号试管中各加入2.0mL稀释后样品，于4、5、6号试管中各加入2.0mL甘氨酸标准使用液，于7号试管中加入2.0mL蒸馏水。

（3）向7支试管中分别加入1.0mL显色剂，摇匀。

（4）分别在每支试管口盖上玻璃球，以避免水蒸发损失。

（5）将试管放入沸水浴中，准确加热16min。

（6）放入20℃水浴中冷却20min。

（7）于每支试管中加入5.0mL碘酸钾稀释溶液，混匀。

（8）在30min内，于570nm波长处，用10mm比色皿，以7号试管的空白溶液作参比，分别测定样品和标准溶液的吸光度。

5. 计算

（1）
$$\text{麦汁中的}\alpha-\text{氨基氮含量（mg/L）}=\frac{A_1}{A_2}\times 2\times n$$

式中 A_1——麦汁样品的平均吸光度

A_2——甘氨酸标准使用液的平均吸光度

2——甘氨酸标准使用液中α－氨基氮的含量，mg/L

n——样品的稀释倍数

（2）
$$\text{麦芽中的}\alpha-\text{氨基氮含量（mg/100g 无水麦芽）}=\frac{\text{麦汁中的}\alpha-\text{氨基氮含量}\times E_{\text{无}}}{10\rho P}$$

式中 $E_{\text{无}}$——麦芽的无水浸出率,%

P——麦汁的浓度,%

ρ——麦汁（20℃时）的密度

所得结果表示至一位小数。

同一样品两次测定结果的绝对差值不应超过算术平均值的7%。

6. 注意事项

（1）必须严防任何外界痕量氨基酸的引入，为此所有测定用玻璃仪器都必须仔细清洗，洗净后只能接触其外部表面。

（2）使用移液管必须用吸耳球吸，不能用嘴吸，以免唾液带入氨基酸，最好使用一次性移液管，拿玻璃球要用镊子。

（3）对深色麦汁，由于样品的颜色，应对吸光度做如下校正：取2.0mL稀释样品，加入1.0mL蒸馏水和5.0mL碘酸钾稀释溶液，在570nm波长处用10mm比色皿，以7号试管的空白溶液作参比，测定其吸光度。计算α－氨基氮时，先从样品测得的吸光度中减去此值，再进行计算。

（4）测定中加入果糖作为还原性发色剂。碘酸钾稀释液使茚三酮保持氧化态，以阻止进一步发生不希望的生色反应。

（5）各种氨基酸与茚三酮显色的相对颜色强度不同，如亚氨酸与茚三酮反应产生黄色，胺和多肽也有类似的反应。因此以甘氨酸为标准得到的测定结果只是一个相对值，当麦汁中肽和氨基酸的比例不同，会产生较大的误差。

（6）显色和比色时间应严格控制。

十八、麦芽的化学检验记录

麦芽的化学检验记录见表3－7、表3－8。

表3－7　麦芽化学检验记录表1

<table>
<tr><td></td><td>记录内容</td><td colspan="2">1</td><td colspan="2">2</td><td colspan="2">3</td><td colspan="3">平均值</td></tr>
<tr><td rowspan="4">水含量的测定</td><td>干燥前瓶和麦粉的质量 m_1/g</td><td colspan="2"></td><td colspan="2"></td><td colspan="2"></td><td colspan="3" rowspan="4"></td></tr>
<tr><td>称量瓶的质量 m/g</td><td colspan="2"></td><td colspan="2"></td><td colspan="2"></td></tr>
<tr><td>干燥后瓶和麦粉的质量 m_3/g</td><td colspan="2"></td><td colspan="2"></td><td colspan="2"></td></tr>
<tr><td>水含量/%</td><td colspan="2"></td><td colspan="2"></td><td colspan="2"></td></tr>
<tr><td rowspan="4">协定麦汁的制备</td><td>糖化杯号</td><td>1</td><td>2</td><td>3</td><td>4</td><td>5</td><td>6</td><td>7</td><td>8</td><td>结果</td></tr>
<tr><td>杯的质量/g</td><td></td><td></td><td></td><td></td><td></td><td></td><td></td><td></td><td></td></tr>
<tr><td>杯＋50g 麦粉的总质量/g</td><td></td><td></td><td></td><td></td><td></td><td></td><td></td><td></td><td></td></tr>
<tr><td>杯＋450g 内容物的总质量/g</td><td></td><td></td><td></td><td></td><td></td><td></td><td></td><td></td><td></td></tr>
<tr><td rowspan="16">协定麦汁的检测</td><td>糖化时间/min</td><td></td><td></td><td></td><td></td><td></td><td></td><td></td><td></td><td></td></tr>
<tr><td>醪液气味</td><td></td><td></td><td></td><td></td><td></td><td></td><td></td><td></td><td></td></tr>
<tr><td>过滤时间/min</td><td></td><td></td><td></td><td></td><td></td><td></td><td></td><td></td><td></td></tr>
<tr><td>麦汁清亮度</td><td></td><td></td><td></td><td></td><td></td><td></td><td></td><td></td><td></td></tr>
<tr><td>色度/EBC</td><td></td><td></td><td></td><td></td><td></td><td></td><td></td><td></td><td></td></tr>
<tr><td>pH</td><td></td><td></td><td></td><td></td><td></td><td></td><td></td><td></td><td></td></tr>
<tr><td>麦汁浓度/%</td><td></td><td></td><td></td><td></td><td></td><td></td><td></td><td></td><td></td></tr>
<tr><td>风干浸出率/%</td><td></td><td></td><td></td><td></td><td></td><td></td><td></td><td></td><td></td></tr>
<tr><td>绝干浸出率/%</td><td></td><td></td><td></td><td></td><td></td><td></td><td></td><td></td><td></td></tr>
<tr><td>粗细粉差/%</td><td colspan="9"></td></tr>
<tr><td rowspan="2">黏度/（mPa·s）</td><td>下落时间/s</td><td>球体系数</td><td>麦汁密度</td><td>球体密度</td><td>麦汁浓度</td><td>黏度/(mPa·s)</td><td>查表得浓度</td><td>E_4</td><td>结果/(mPa·s)</td></tr>
<tr><td></td><td></td><td></td><td></td><td></td><td></td><td></td><td></td><td></td></tr>
<tr><td rowspan="2">最终发酵度/%</td><td colspan="3">发酵前的浓度/%</td><td colspan="3">发酵后的浓度/%</td><td colspan="3">结果/%</td></tr>
<tr><td colspan="3"></td><td colspan="3"></td><td colspan="3"></td></tr>
<tr><td rowspan="2">煮沸色度/EBC</td><td colspan="6">煮沸前麦汁和瓶的质量/g</td><td colspan="3">结果/EBC</td></tr>
<tr><td colspan="6"></td><td colspan="3"></td></tr>
</table>

表 3－8　麦芽化学检验记录表 2（含氮物质测定部分）

测定项目	测定记录						测定结果			要求值
蛋白质含量	样品消耗盐酸的体积/mL				空白消耗盐酸的体积/mL	标准盐酸的浓度	总氮/%	蛋白质含量/%		9.0%～11.0%
	1	2	3	平均值						
可溶性氮	样品消耗盐酸的体积/mL				空白消耗盐酸的体积/mL	标准盐酸的浓度	可溶性氮/（mg/100g 无水麦芽）			550～750mg/100g
	1	2	3	平均值						
库尔巴哈值	计算过程						蛋白溶解度/%			38%～43%
α－氨基氮	样品溶液的吸光度				标准溶液的吸光度				结果	要求
	1	2	3	平均	4	5	6	平均		
										>140mg/100g

复习思考题

1．测定麦芽的水含量有何意义？

2．测定麦芽的脆度有何意义？

3．测定麦芽的脆度为何重点是整粒麦芽含量？

4．画出协定糖化曲线，并做必要的说明。

5．制备协定麦汁时，应注意哪些事项？

6．什么是麦芽的糖化时间？为什么要测定麦芽的糖化时间？

7．做碘试验应注意哪些事项？

8．为什么要测定麦芽的色度？测定方法有哪几种？

9．为什么要测定麦芽的煮沸色度，煮沸色度和色度哪个项目更有意义，为什么？

10．测定协定麦汁的浓度有哪些方法？

11．简述糖度计的工作原理。

12. 用密度瓶测定浓度应注意哪些事项？
13. 一般情况下风干浸出率与糖化收得率哪个高？为什么？
14. 什么是麦芽的粗细粉差？测定麦芽的粗细粉差有何意义？
15. 为什么要测定麦芽的最终发酵度？
16. 测定麦芽的最终发酵度应注意什么？
17. 为什么要测定麦芽的黏度？
18. 麦芽的粉碎要考虑麦芽的哪些分析指标？
19. 测定麦芽蛋白质溶解度有什么意义？
20. 蛋白质溶解度差的麦芽在糖化生产时应采取什么措施进行改善？
21. 为什么要测定麦芽的 α－氨基氮？
22. 简述 α－氨基氮的测定原理。
23. 测定 α－氨基氮应注意哪些事项？
24. 哪些分析项目反映麦芽的细胞溶解状况？
25. 哪些分析项目反映麦芽蛋白质的溶解状况？
26. 哪些分析项目反映麦芽淀粉的分解情况？
27. 简述浅色麦芽、深色麦芽、小麦麦芽的质量要求。
28. 根据现有麦芽的质量制定一个合理的糖化工艺生产所需要的啤酒，并画出糖化曲线，同时说明理由。

第四章 酒花分析

知识目标

1. 通过本章的学习掌握酒花及其制品的采集方法；
2. 了解酒花的感官评价和物理检验；
3. 掌握酒花的水含量、α－酸、β－酸的测定原理和方法。

技能目标

1. 通过本章的试验，能准确地进行酒花的全分析；
2. 通过本章的学习能正确地评价酒花的质量。

第一节　酒花的质量要求

酒花是啤酒生产的主要原料之一，它赋予啤酒特有的酒花香和清爽的苦味。酒花苦味物质能抑制啤酒中微生物的生长，增加啤酒的防腐能力；酒花苦味物质与麦汁中的含氮化合物形成“起泡复合蛋白”，使之构成啤酒奇特的泡沫；酒花多酚可以沉淀高分子含氮化合物，使麦汁和啤酒澄清；酒花对啤酒的生物稳定性和非生物稳定性都有非常重要的作用。

啤酒厂首先应该选择优良的酒花品种，通过对供应商“质量链”保证体系的考察和评价确定定点供应，然后按照严格的贮存条件保存酒花，再经过使用方法上的对比试验确定最佳、最合理的添加方法，才能保持比较均衡的苦味值，获得比较高的酒花利用率和偏爱的酒花香气。

用于啤酒酿造的酒花应符合中华人民共和国国家标准 GB/T 20369—2006《啤酒花制品》的要求，见表 4－1、表 4－2、表 4－3。

表 4-1 压缩啤酒花的感官、理化要求

项目		优级	一级	二级
色泽		浅黄绿色，有光泽		浅黄色
香气		具有明显的、新鲜正常的啤酒花香气，无异杂气味		有正常的酒花香气，无异杂气味
花体状态		花体基本完整	有少量破碎花片	破碎花片较多
夹杂物①/%	≤	1.0		1.5
褐色花片/%	≤	2.0	5.0	8.0
水分/%		7.0~9.0		
α-酸（干态计）②/%	≥	7.0	6.5	6.0
β-酸（干态计）②/%	≥	4.0	3.0	
贮藏指数/HSI②	≤	0.35	0.40	0.45

注：① 不允许有植株以外的任何金属、沙石、泥土等有害物质。

② 已正式定名的芳香型、高α-酸型酒花品种，其α-酸、β-酸、贮藏指数不受此要求限制。

表 4-2 颗粒啤酒花的感官、理化要求

项目		90 型		45 型
		优级	一级	
色泽		黄绿色或绿色		
香气		具有明显的、新鲜正常的酒花香气，无异杂气味		
散碎颗粒（匀整度）/%	≤	4.0		
崩解时间/s	≤	15		
水分/%		6.5~8.5		
α-酸（干态计）*/%	≥	6.7	6.2	11.0
β-酸（干态计）*/%	≥	3.0		5.0
贮藏指数/HSI*	≤	0.40	0.45	0.45

注：*已正式定名的芳香型、高α-酸型酒花制成的颗粒酒花，其α-酸、β-酸、贮藏指数不受此要求限制。

表 4-3 CO_2 酒花浸膏的理化要求

项目		超临界 CO_2 萃取	液态 CO_2 萃取
α-酸（干态计）/%	≥	35	30
水分/%	≤	5.0	

第二节 取样、样品处理和样品的保存

一、取 样

1. 取样工具

（1）带护挡的不锈钢刀 用于抽取压缩啤酒花。

（2）小铲 用于取颗粒啤酒花。

（3）“木塞穿孔器”型的取样器：取一根直径 70～80mm，长度 200～250mm 的钢管，一头磨尖，边缘呈锯齿状，另一头开口并焊上两个与管子成直角的把手。另取一根直径比钢管稍小，长度比钢管稍长的圆木棍，插入管内，使其可以在管内滑动。当管子插入酒花包内取样后，用此木棍将样品顶出。采集酒花粉试样时，可以用相似而较小的取样器。

（4）盛放容器 用带严密盖子干净的金属筒或不透气的塑料袋。

2. 抽样件数

抽样件数按下式计算：

$$\chi = \sqrt{N}$$

式中 χ——需抽取的件数

N——全批的总件数

3. 取样方法

（1）压缩啤酒花取样 从同一批产品的堆垛上下、内外部位随机抽取所需件数。取样前核实产品批次、数量、包装等，然后从压缩啤酒花包的任一侧面选取两个点，点距不小于 250mm，用取样刀切口，掀开包装材料，从切口下 50～100mm 深处取不少于 50g 的样品，迅速装入已准备好的盛放容器中，每批取样总量不少于 600g。件数较少时，可适当增加每件的取样量。取样时，随时注意产品的外观、香气、有害夹杂物、包与包之间的差异，并做好记录。

（2）颗粒啤酒花取样 从同一批产品中随机抽取所需件数。取样前，核实产品批次、数量、包装等。然后拆封包装箱（桶），每箱（桶）抽取一袋或一盒，用小铲任意铲取 25～50g 样品，迅速装入已准备好的盛放容器中，每批取样总量不少于 600g，件数较少时，可适当增加每件的取样量。取样时随时注意产品的外观、香气、匀整度，并做好记录。

（3）CO_2 酒花浸膏取样 从同一批产品中随机抽取所需样本数。取样前，对照检验单，核实产品批次、数量、包装等。用小刀打开包装罐，置于 40℃ 的恒温水浴中加热 30min 后，搅拌均匀，每罐取样不少于 10g，总量不少于 200g，混合后加热搅拌均匀，取足分析用量后，余量封存备查。

二、样品的处理及保存

1. 样品的处理

（1）压缩啤酒花　在实验室，将采取的全部压缩啤酒花混匀，用四分法分为两份，各约300g。一份装入盛放容器中密封保存备查，另一份作试样，并将其再均分成两份，其中150g供感官检测用，另150g装入盛放容器供理化检测用。

（2）颗粒啤酒花　同压缩啤酒花。

2. 样品的保存

将备查样品在3～5℃条件下避光保存。

第三节　酒花的感官评价

一、色　　泽

取压缩酒花或颗粒酒花试样，在光线充足（避免直射阳光）的场所观察色泽，结合取样时的观察记录，根据GB/T 20369—2006《啤酒花制品》压缩酒花和颗粒酒花的感官要求描述判定结果。记录为：黄绿色、浅绿色、橄榄色（黄褐)、暗绿色等。

二、香　　气

取压缩酒花或颗粒酒花试样，在光线充足（避免直射阳光)，无不良气味的场所判别香气，结合取样时的观察记录，根据GB/T 20369—2006《啤酒花制品》压缩酒花和颗粒酒花的感官要求描述判定结果。记录为：有浓郁的酒花香、有明显的酒花香、有酒花香、有轻微的酒花香、有异常气味等。对于有异常气味的样品应注明具体的气味，如霉烂味、奶酪味、蒜臭味和青草味等。

三、花体完整度（压缩酒花）

取压缩酒花试样，仔细观察其花体的完整程度，并结合取样时的观察做好记录，根据GB/T 20369—2006《啤酒花制品》压缩酒花的感官要求评价花体完整程度。

四、酒花的感官评价记录

酒花的感官评价记录见表 4－4。

表 4－4　酒花的感官评价记录表

项目	检验结果			要求
	压缩酒花	90 型颗粒酒花	45 型颗粒酒花	
色泽				
香气				
花体完整度				

第四节　酒花的物理检验

一、褐 色 花 片

1. 仪器

天平：感量 0.1g。

2. 操作

称取压缩酒花试样 20g，从中拣出颜色呈淡棕色至褐色以及淡棕色和褐色部分超过花片面积 1/3 的花片，在天平上称量，以其质量分数表示。

3. 计算

$$H = \frac{m}{20} \times 100$$

式中　H——褐色花片的质量分数，%

m——拣出的褐色花片的质量，g

所得结果表示至两位小数。

二、夹杂物的测定

1. 仪器

天平：感量 0.1g。

2. 操作

称取压缩酒花试样 20g，拣出花茎、花梗、花叶等，在天平上称量，以其质量分数表示。

3. 计算

$$w = \frac{m}{20} \times 100$$

式中 w——夹杂物的质量分数,%

m——拣出夹杂物的总质量，g

所得结果表示至两位小数。

三、匀整度（颗粒酒花）

1. 仪器

天平：感量0.1g。

2. 操作

取颗粒酒花试样20g，观察颗粒之间大小是否均匀，收集颗粒直径小于1/2的散碎颗粒及碎末。在天平上称量，以其质量分数表示。

3. 计算

$$w_1 = \frac{m}{20} \times 100$$

式中 w_1——散碎颗粒的质量分数,%

m——拣出的散碎颗粒的质量，g

所得结果表示至两位小数。

四、包装密度的测定（压缩酒花）

1. 仪器

（1）卷尺或直尺 分度值1mm。

（2）磅秤 感量0.05kg。

2. 操作

测量抽取的压缩酒花包的长、宽、高，然后称其质量。

3. 计算

$$\rho = \frac{m}{lbh}$$

式中 ρ——包装密度，kg/m^3

m——每包压缩酒花的质量，kg

l——压缩酒花包的长度，m

b——压缩酒花包的宽度，m

h——压缩酒花包的高度，m

最后结果取多次测定的平均值。

五、崩解时间（颗粒酒花）

1. 仪器

（1）电炉。

（2）秒表。

（3）烧杯。

2. 操作

在400mL烧杯中，盛入约200mL自来水，置于电炉上加热，在沸腾的状态下，投入2~3粒颗粒酒花试样，投入时按下秒表计时，观察，当颗粒酒花膨胀并完全松散时停止计时，读取所用时间（s），并记录。此操作应反复进行，取平均值。

3. 计算

$$\bar{t} = \frac{1}{n}(t_1 + t_2 + \cdots + t_n)$$

式中　$\bar{t}$——颗粒酒花的崩解时间，s

t_1，t_2，…，t_n——第一次到第 n 次测得的颗粒酒花崩解时间，s

n——测定次数

六、硬度的测定

1. 仪器

旋压弹簧式颗粒酒花硬度计。

2. 操作

将硬度计的推进弹簧螺丝退至指针为0kg处，把颗粒酒花样品正立于置样台上，轻轻旋动顶紧螺丝，直至样品与上部锥形顶头接触而不受力时止。此时样品应与仪器呈水平位置，不得歪斜。将推进弹簧的螺丝按顺时针方向慢慢推进，直至样品压碎为止，记录硬度计上的读数，以kg为单位。此操作应反复进行，取平均值。

七、酒花物理检验记录

酒花物理检验记录见表4-5。

表4-5　酒花物理检验记录表

项目	测定记录				结果
	1	2	3	平均值	
褐色花片	褐色花片的质量/g				褐色花片/%

续表

项目	测定记录				结果
	1	2	3	平均值	
夹杂物	夹杂物的质量/g				夹杂物/%
匀整度	散碎颗粒的质量/g				散碎颗粒/%
包装密度	长/m	宽/m	高/m	质量/kg	ρ/（kg/m^3）
崩解时间	颗粒酒花的崩解时间/s				崩解时间/s
硬度的测定	指针读数				硬度/kg

第五节　酒花的化学检验

一、水分的测定

1．原理

酒花样品于103～105℃直接干燥，根据其质量的损失计算水分含量。

2．仪器

（1）分析天平　感量0.1mg。

（2）电热干燥箱　控温精度±1℃。

（3）称量瓶　30mm×70mm。

（4）干燥器　用变色硅胶作干燥剂。

3．操作

用已干燥至恒质量的称量瓶称取3g压缩酒花试样（或4g粉碎后的颗粒酒花试样），精确至0.001g。放入已预热至（104±1）℃的电热干燥箱中，打开盖干燥1h，加盖取出。放入干燥器中冷却至室温，称量。重复操作直至质量恒定。

用已干燥至恒质量的称量瓶称取5gCO_2酒花浸膏试样，精确至0.001g。放入已预热至（60±1）℃的电热干燥箱中，打开盖干燥15min，加盖取出，放入干燥器中冷却至室温，称量。重复操作直至质量恒定。

4. 计算

$$w = \frac{m_1 - m_2}{m_1 - m} \times 100\%$$

式中 w——试样（压缩酒花或颗粒酒花）水分的质量分数，%

m_1——烘干前称量瓶加样品的质量，g

m_2——烘干后称量瓶加样品的质量，g

m——称量瓶的质量，g

所得结果表示至两位小数。

同一试样两次测定结果的绝对差值不得超过算术平均值的3%。

5. 酒花水含量的测定记录

酒花水含量的测定记录见表4-6。

表4-6 酒花水含量的测定记录

项目	1	2	3	水含量/%
干燥前称量瓶和酒花的质量/g				
称量瓶的质量/g				
干燥后称量瓶和酒花的质量/g				
结果				

二、α-酸、β-酸的测定

(一) 紫外分光光度法

1. 原理

用有机溶剂萃取酒花中的α-酸和β-酸，α-酸在碱性介质中转化为异α-酸，异α-酸和β-酸在波长为275nm、325nm和355nm下有吸收，根据这三个波长下的吸光度可以计算出酒花样品中α-酸和β-酸的含量。

2. 试剂

(1) 甲苯　吸取此试剂1mL，用碱性甲醇稀释至100mL。以蒸馏水作参比，用10mm比色皿，在波长275nm下测定吸光度。其吸光度应小于0.11。

(2) 甲醇　以蒸馏水作参比，用10mm比色皿，在波长275nm下测定吸光度。其吸光度应小于0.06。

(3) 蒸馏水　无CO_2。

(4) 6.0mol/L氢氧化钠溶液　将氢氧化钠配制成饱和溶液，注入聚乙烯塑料瓶中，密闭放置至溶液清亮后，吸取上清液31.2mL注入不含CO_2的水中，并定容至100mL，摇匀。

（5）碱性甲醇溶液　于 100mL 甲醇中加入 0.2mL 6.0mol/L 氢氧化钠溶液。此溶液必须当天新鲜配制。

3. 仪器

（1）紫外分光光度计　波长 200 ~ 800nm，10mm 石英比色皿。

（2）分析天平　感量 0.1mg。

（3）天平　感量 0.1g。

（4）粉碎机　酒花粉碎机（5000r/min）或剪刀。

（5）振荡器。

（6）具塞锥形瓶　250mL。

（7）容量瓶　50mL 和 100mL。

（8）移液管　5mL 和 100mL。

4. 操作

（1）粉碎　将压缩酒花（或颗粒酒花试样）用 5000r/min 专用酒花粉碎机进行粉碎。若无酒花粉碎机，压缩酒花样品可用剪刀剪碎，剪碎后花片面积应小于 $5mm^2$；颗粒酒花样品可以在研钵中压碎。将粉碎好的酒花试样混合均匀。

（2）萃取　称取 5g 经粉碎的压缩酒花（或颗粒酒花）试样，精确至 0.001g，置于 250mL 具塞锥形瓶中，用移液管加入 100mL 甲苯，加盖后，用天平称量，精确至 0.1g，并记录。将具塞锥形瓶置于振荡器上振荡（或用手摇动）30min，取下重新称量（若振荡后失重超过 0.3g，应重新取样进行萃取）。将具塞锥形瓶倾斜静置，使其澄清备用。

CO_2浸膏的萃取：取试样一听，放入 40℃ 水浴中保温，使膏体变为液体状，然后开罐，用取样勺将样品混合均匀，称取 0.5g 试样，精确至 0.001g，置于 250mL 具塞锥形瓶中，用移液管加入 100mL 甲苯，加盖后，用天平称量，精确至 0.1g，并记录。将具塞锥形瓶置于振荡器上振荡（或用手摇动）30min，取下重新称量（若振荡后失重超过 0.3g，应重新取样进行萃取）。将具塞锥形瓶倾斜静置，使其澄清备用。

（3）测定吸光度

① A 溶液：用移液管吸取试样萃取液 5.0mL，注入 100mL 容量瓶中，用甲醇定容至刻度，摇匀。

② B 溶液：用移液管吸取 A 溶液 3.0mL，注入 50mL 容量瓶中，用碱性甲醇溶液定容至刻度，摇匀。

③ 参比溶液：吸取 5.0mL 甲苯注入 100mL 容量瓶中，用甲醇定容至刻度，摇匀后，吸取 3.0mL 该溶液注入 50mL 容量瓶中，用碱性甲醇溶液定容至刻度，摇匀。

④ 在 275nm、325nm、355nm 波长下，用 10mm 石英比色皿，以参比溶液为空白，测定 B 溶液的吸光度。

5. 计算

（1）稀释系数的计算

$$n=\frac{V_A V_B}{100mV_1 V}=\frac{100\times 50}{100\times 5\times 5\times 3}=0.667$$

式中 n——稀释系数

V_A——A 溶液的体积，mL

V_B——B 溶液的体积，mL

V_1——制备 A 溶液时移取萃取液的体积，mL

V——制备 B 溶液时移取 A 溶液的体积，mL

m——称取试样的质量，g

100——转换系数

（2）α-酸含量的计算

$$w_1=n\times(-51.56\times A_{355}+73.79\times A_{325}-19.07\times A_{275})$$

$$w_2=\frac{w_1}{100-w}\times 100$$

式中 w_1——酒花试样中 α-酸的质量分数（风干），%

w_2——酒花试样中 α-酸的质量分数（绝干），%

n——稀释系数

w——酒花试样水分的质量分数，%

A_{355}——B 溶液在波长 355nm 下的吸光度

A_{325}——B 溶液在波长 325nm 下的吸光度

A_{275}——B 溶液在波长 275nm 下的吸光度

所得结果表示至两位小数。

（3）β-酸含量的计算

$$w_3=n\times(55.57\times A_{355}-47.59\times A_{325}+5.10\times A_{275})$$

$$w_4=\frac{w_3}{100-w}\times 100$$

式中 w_3——酒花试样中 β-酸的质量分数（风干），%

w_4——酒花试样中 β-酸的质量分数（绝干），%

n——稀释系数

w——酒花试样中水分的质量分数，%

A_{355}——B 溶液在波长 355nm 下的吸光度

A_{325}——B 溶液在波长 325nm 下的吸光度

A_{275}——B 溶液在波长 275nm 下的吸光度

所得结果表示至两位小数。

同一试样两次测定结果的绝对差值不得超过算术平均值的 5%。

6. 注意事项

（1）所用有机试剂均有毒，操作应在通风橱中进行。

（2）测定吸光度时，操作应迅速，防止有机溶剂挥发。

（二）电导滴定法

1. 原理

用有机溶剂萃取出酒花中的α－酸，并配制成甲苯、甲醇、二甲亚砜混合液。当向混合液中滴加乙酸铅溶液时，α－酸与铅离子形成配合物，溶液的电导率稳定不变。当到达配位反应的终点后，随着过量铅离子浓度的增大，溶液的电导率也增大。通过作图，求出拐点即为滴定终点，根据消耗的体积计算出α－酸的含量。

2. 试剂

（1）甲苯　分析纯。

（2）甲醇　分析纯。

（3）二甲亚砜　分析纯。

（4）冰乙酸　分析纯。

（5）硫酸标准溶液［$c(\frac{1}{2}H_2SO_4)=0.1mol/L$］。

配制：取1∶1硫酸6mL，用水稀释至1000mL。

标定：取分析纯无水碳酸钠（Na_2CO_3）在180°C烘烤2h，在干燥器内冷却，准确称取0.10～0.15g（准确至0.0001g）于250mL锥形瓶内，同时称3份，各加入50mL蒸馏水溶解后，加入1～2滴甲基橙指示剂，用待标定的硫酸溶液滴定至橙色为终点。记录用量，按下式计算：

$$\text{硫酸的浓度(mol/L)}=\frac{2\times m\times 1000}{106.0V}$$

式中　m——无水碳酸钠的质量，g

V——滴定消耗硫酸溶液的体积，mL

106.0——碳酸钠的摩尔质量，g/mol

（6）乙酸铅溶液（20g/L）

配制：称取10g乙酸铅［$Pb(C_2H_3O_2)_2\cdot 3H_2O$］，精确至0.002g，置于小烧杯中，加入少量甲醇和2～3滴冰乙酸溶解后转入500mL容量瓶中，用甲醇稀释至刻度，摇匀。

标定：于80mL甲醇溶液中加入4mL硫酸标准溶液，用乙酸铅溶液滴定，每滴入0.1mL或0.2mL记录一次读数，当电导率急剧升高后，再滴6～7次，记录各次的电导率，将每次滴定消耗乙酸铅的体积（mL）与其对应的电导率在坐标纸上作点，连接各点，得到起始近似水平的直线和电导率急增的直线，两直线的交点即为终点。

计算：

$$w=\frac{c\times 4\times 189.67}{1000\times V}\times 100$$

式中 w——乙酸铅溶液的浓度,%

c——硫酸标准溶液的摩尔浓度，mol/L

4——硫酸标准溶液的体积，mL

189.67——乙酸铅［$\frac{1}{2}Pb(C_2H_3O_2)_2 \cdot 3H_2O$］的摩尔质量，g/mol

V——标定时消耗乙酸铅的体积，mL

（7）电极浸泡液　将甲醇与冰乙酸等体积混合，摇匀。

3. 仪器

（1）电导率仪　用 DJS－I 铂黑电极。

（2）磁力搅拌器　可调速。

（3）微量滴定管　5mL，分度值 0.05mL。

（4）分析天平　感量 0.1mg。

（5）天平　感量 0.1g。

（6）移液管　10mL 和 100mL。

（7）具塞锥形瓶　250mL。

4. 操作

（1）粉碎　参见紫外分光光度法操作。

（2）萃取　参见紫外分光光度法操作。

（3）测定电导率　将电导率仪按仪器说明书要求进行调节安装，连接已浸泡处理好的铂黑电极（将铂黑电极在电极浸泡液中浸泡 10min 左右，取出再用甲醛冲洗），使电导仪进入工作状态。

吸取 10.0mL 萃取液于 100mL 干燥、洁净的烧杯中，加 40mL 甲醛（测定陈酒花时再加 10mL 二甲亚砜），放入磁力搅拌棒，将烧杯放置在磁力搅拌器上，插入铂黑电极至液面下，开动搅拌，用滴定管滴入乙酸铅标准溶液，每滴入 0.1mL 或 0.2mL 记录一次电导率值，当电导率急剧升高后，再滴 6～7 次，并记录各次的电导率。整个滴定操作要求在 5min 内完成。滴定完后将电极插入电极浸泡液中数分钟，再用甲醇冲洗，备用。

（4）作图求滴定终点　以滴定消耗的乙酸铅标准溶液的体积（mL）为横坐标，以电导率为纵坐标，将各次滴定消耗的乙酸铅标准溶液的体积（mL）与其相应的电导率读数在直角毫米坐标纸上作点，连接各点，得到起始近似水平的直线和电导率急增的直线，延长两条直线得一交点，交点所对应的横坐标上的体积（mL）即为滴定终点时所消耗的乙酸铅标准溶液的体积（mL）。

5. 计算

$$w_5 = \frac{cV \times 179 \times V_1}{189.67 \times 5 \times 10} \times 100$$

$$w_6 = \frac{w_5}{100 - w} \times 100$$

式中 w_5——酒花试样中 α - 酸的质量分数（风干）,%

w_6——酒花试样中 α - 酸的质量分数（绝干）,%

c——乙酸铅标准溶液的浓度，g/100mL

V——滴定终点时消耗乙酸铅标准溶液的体积，mL

179——$\frac{1}{2}\alpha$ - 酸的摩尔质量，g/mol

V_1——加入甲苯萃取试样的体积（$V_1 = 100$mL）

189.67——乙酸铅［$\frac{1}{2}Pb(C_2H_3O_2)_2 \cdot 3H_2O$］的摩尔质量，g/mol

5——称取样品的质量，g

10——移取萃取液的体积，mL

w——酒花试样水分的质量分数,%

所得结果表示至两位小数。

同一试样两次测定结果的绝对差值不得超过算术平均值的5%。

6．注意事项

（1）所用有机试剂均有毒性，操作应在通风橱内进行。

（2）有机溶剂挥发性很强，滴定时应在5min内完成。

（3）铂黑电极使用完毕后，要用电极浸泡液浸泡约10min，取出后再用甲醇冲洗，妥善保存以备下次使用。

三、贮藏指数的测定

啤酒花的贮藏指数反映啤酒花的新鲜度。质量稳定、新鲜度好的啤酒花有比较低的贮藏指数和较小的变化，优良的酒花品种在加工成酒花制品后，贮藏指数（HIS）都低于0.4，经过一段时间的贮存以后（一般为6个月），HSI的增加值不会超过0.15。

1．原理

酒花和酒花颗粒在加工、贮存、运输方法不当时，α - 酸、β - 酸会发生氧化反应，造成贮藏指数上升。采用紫外分光光度计，在波长275nm和325nm下，测定酒花及酒花制品的碱性甲醇萃取液的吸光度之比，即为酒花及酒花制品的贮藏指数。

2．试剂

参见紫外分光光度法测定 α - 酸的试剂。

3．仪器

参见紫外分光光度法测定 α - 酸的仪器。

4．操作

参见紫外分光光度法测定 α - 酸的操作。

5. 计算

$$HSI = \frac{A_{275}}{A_{325}}$$

式中 A_{275}——试样在275nm下的吸光度

A_{325}——试样在325nm下的吸光度

所得结果表示至一位小数。

6. α-酸、β-酸的测定记录

α-酸、β-酸的测定记录见表4-7、表4-8。

表4-7 α-酸、β-酸的测定记录

	记录内容	1	2	3	平均值
紫外分光光度法	样品的质量/g				
	样品的水含量/%				
	A_{355}				
	A_{325}				
	A_{275}				
	稀释系数				
	α-酸（风干）/%				
	α-酸（绝干）/%				
	β-酸（风干）/%				
	β-酸（绝干）/%				
电导滴定法	样品的质量/g				
	样品的水含量/%				
	乙酸铅标准溶液的浓度/%				
	消耗乙酸铅标准溶液的体积/mL				
	α-酸（风干）/%				
	α-酸（绝干）/%				
HSI					

表4-8 电导滴定记录

加入乙酸铅的体积/mL	电导率	加入乙酸铅的体积/mL	电导率

续表

加入乙酸铅的体积/mL	电导率	加入乙酸铅的体积/mL	电导率

四、总苦味质的测定

在实验室中模拟生产条件下，求出的苦味质理论收得值，称为酒花的总苦味值。

1. 原理

在模拟生产条件下，pH5.55，煮沸1h，啤酒花中的苦味质等成分被充分地浸出，然后在酸性条件下用氯仿萃取，苦味质被定量地萃取到有机相中，加入无水硫酸钠吸附有机相中的水分，使萃取液透明清亮。苦味质的含量与溶液在279nm波长下的吸光度符合朗伯－比尔定律，可根据吸光度计算得到酒花的总苦味值。

2. 试剂

（1）盐酸溶液（1:1） 将等体积的盐酸与水混合，搅匀，冷却。

（2）磷酸氢二钠－柠檬酸缓冲液 pH＝5.55。

A溶液：称取33.6g磷酸氢二钠（$Na_2HPO_4 \cdot 2H_2O$）溶于1L水中，摇匀（只能保存一周）。

B溶液：称取21.0g柠檬酸（$C_6H_8O_7 \cdot 2H_2O$）溶于1L水中，摇匀（可长期保存）。

混合溶液：将A溶液和B溶液按23:17（体积比）混合，摇匀后其pH应为5.55（此溶液保存期不超过两周）。

（3）氯仿 分析纯。

（4）无水硫酸钠 分析纯。

3. 仪器

（1）紫外分光光度计 波长200～800nm，10mm石英比色皿。

（2）加热器 电炉或其他形式的加热器。

（3）圆底烧瓶　1000mL。

（4）回流冷凝管。

（5）分析天平　感量 0.1mg。

（6）振荡器。

（7）定时钟或秒表。

（8）容量瓶　500mL。

（9）具塞锥形瓶　250mL。

（10）分液漏斗　250mL。

4. 操作

（1）煮沸浸出

① 称取 1 ~ 2g 已粉碎的压缩啤酒花试样或颗粒啤酒花试样（精确至 0.001g）置于 1000mL 圆底烧瓶内。

② 加入 300mL pH5.55 的缓冲溶液及数粒小玻璃珠，装上回流冷凝管，加热 15min 至沸腾，准确回流煮沸 60min。

③ 用少量蒸馏水冲洗冷凝管内壁，并收入烧瓶中。取下烧瓶，将烧瓶迅速冷却至 20℃。

④ 将烧瓶中的内容物全部转入 500mL 容量瓶中，用水稀释至刻度，摇匀。用中速折叠滤纸过滤，弃去最初 100mL 滤液。

（2）萃取

① 吸取滤液 50mL 于 250mL 具塞锥形瓶中，加入 1mL（1∶1）盐酸溶液酸化，加入 40mL 氯仿，加塞。

② 置于振荡器上振荡 40min。

③ 转入 250mL 分液漏斗中，将分液漏斗于三脚架上静置 30min，使其分层。放出下层萃取液于干燥的锥形瓶中（开始 2 ~ 3mL 弃去），加入 5g 无水硫酸钠，强烈摇动，静置。

（3）测吸光度　将澄清的氯仿萃取液以氯仿为参比溶液，用 10mm 石英比色皿，在 279nm 波长下测定其吸光度。

5. 计算

$$W = \frac{115 \times A_{279}}{m(1 - w)}$$

式中　W——总苦味质的含量（绝干），mg/g

A_{279}——酒花样品萃取液在 279nm 波长下的吸光度

m——酒花样品质量，g

w——酒花试样水分的质量分数，%

115——单位吸光度相当的苦味质质量，mg

所得结果表示至两位小数，

6. 注意事项

（1）萃取和测定时要尽量防止氯仿的挥发。

（2）萃取液的吸光度应在0.6～0.7，若不在此范围，应选择适当的称样量，重新测定。

7. 酒花总苦味质的测定记录

酒花总苦味质的测定记录见表4－9。

表4－9 酒花总苦味质的测定记录表

记录内容	1	2	3	总苦味质/（mg/g）
取样前称量瓶＋样品的质量/g				
取样前称量瓶＋样品的质量/g				
样品的质量/g				
样品的水含量/%				
A_{279}				
A_{279}的平均值				

复习思考题

1. 简述压缩酒花的取样方法（设一批酒花有180包）。
2. 简述颗粒酒花的取样方法。
3. 酒花的物理检测有哪些项目？
4. 用分光光度法测定酒花α－酸含量时应注意哪些事项？
5. 简述电导法测定酒花α－酸的原理。
6. 简述酒花总苦味质的测定原理。
7. 中华人民共和国国标对压缩酒花有哪些要求？
8. 中华人民共和国国标对颗粒酒花有哪些要求？

第五章 大米分析

知识目标

1. 通过本章的学习掌握大米样品的采集方法；
2. 了解大米的感官评价；
3. 掌握大米化学检验的原理和方法。

技能目标

1. 通过本章的学习准确地进行大米的全分析；
2. 正确进行大米分析数据的处理。

第一节　大米的质量要求

为降低啤酒生产成本，啤酒厂通常添加辅料来生产啤酒。作为啤酒酿造的辅料主要有未发芽的谷类（大麦、大米、玉米、小麦等）、淀粉和糖类等。

大米是啤酒厂最常用的辅料，其特点是价格低廉，淀粉含量高于麦芽，而蛋白质、多酚物质和脂肪含量低于麦芽。用大米作辅料酿造的浅色啤酒具有色浅、泡沫细腻、口味清爽、酒花香突出、非生物稳定性好的特点，所以本章主要介绍大米的分析与检验。

一、大米的化学成分

大米的化学成分见表5－1。

表 5－1　大米的化学成分

大米名称	成分	极限值/%	正常值/%
碎米	水分	8～15	11～13
	淀粉	—	82～85
	浸出物	75～97	92～95
	蛋白质	5～8	6～7.5
	脂肪	0.3～1.5	0.3～0.4
	粗纤维	—	0.3～0.5
	灰分	—	0.4～1.5
大米片	水分	8～13	8～10
	淀粉	75～85	79～81
	浸出物	75～97	90～95
	蛋白质	6～9	6～8
	脂肪	0.3～2	0.3～0.5
	粗纤维	0.5～2.5	0.5～1
	灰分	—	0.5～1

二、大米的质量要求

由于各啤酒生产企业的生产设备、工艺条件及辅助原料的使用量等因素不同，对大米的质量要求应有一定差别。表 5－2 提供了啤酒酿造辅料大米质量要求的参考值。

表 5－2　大米的质量要求

项目		质量要求
色泽		洁白，有光泽，无黄色、棕色、绿色、不成熟粒，无霉烂粒
香气		具有新鲜粮食香气，无异味
夹杂物含量/%	≤	0.5
水分/%	≤	15
脂肪含量（绝干）/%	≤	1.0
浸出物含量（绝干）/%	≥	92

第二节　大米的取样及感官检验

一、大米的取样、分样及样品保存

参见第一章第二节大麦的取样、分样和样品保存方法。

二、大米的感官检验

1. 色泽

取大米样品放在自然光线明亮的地方观察其色泽，根据观察进行记录。

颜色记录为：洁白、有黄粒等。

光泽记录为：有光泽、稍有光泽或无光泽。

2. 香气

用手握住大米试样5min后，用鼻闻其气味，根据闻到的气味进行记录。

记录为：气味正常（有新鲜粮食香味）、有异味（稍有霉味、霉味、严重霉味）。

三、夹杂物的测定

（一）夹杂物的测定

1. 仪器

天平：感量0.1g 。

2. 操作

称取大米样品200.0g，拣出砂粒、石子、皮壳、土块等非大米物质，称其质量（精确到0.1g）。

3. 计算

$$w = \frac{m}{200} \times 100$$

式中　w——大米夹杂物质量分数,%

m——拣出的杂质质量，g

所得结果表示至一位小数。

（二）大米黄粒的测定

1. 仪器

天平：感量0.1g 。

2. 操作

从测定过夹杂物的大米样品中分取样品50g，拣出胚乳呈黄色、与正常米粒色泽有明显不同的颗粒（小碎米中不检验黄粒米），称其质量（精确到0.1g）。

3. 计算

$$w = \frac{m_1}{m_2} \times 100$$

式中 w——大米中黄粒的质量分数,%

m_1——黄粒大米的质量，g

m_2——试样的质量，g

所得结果表示至一位小数。

四、感官和夹杂物的测定记录

感官和夹杂物的测定记录见表5－3。

表5－3 大米的感官和夹杂物的测定记录表

项目	检验记录		检验结果
色泽			
香气			
夹杂物的测定	称取的大米样品的质量/g		
	杂质的质量/g		
大米黄粒的测定	称取的大米样品的质量/g		
	黄粒大米的质量/g		

第三节 大米的化学检验

一、水分的测定

1. 原理

参见第一章第六节大麦水含量的测定原理。

2. 仪器

参见第一章第六节大麦水含量的测定仪器。

3. 操作

参见第一章第六节大麦水含量的测定操作。

4. 计算

$$w = \frac{m_1 - m_2}{m_1 - m} \times 100$$

式中 w——大米水分的质量分数,%

m——称量瓶的质量，g

m_1——干燥前称量瓶加样品的质量，g

m_2——干燥后称量瓶加样品的质量，g

5．注意事项

（1）干燥期间，干燥箱内不得有其他物品，干燥箱门不能打开。

（2）当水分含量达17%以上时，样品难以粉碎且粉碎时水分损失较大，应先将整粒大米在45～50℃温度下干燥3～4h，然后再按上述步骤进行操作，并按下式计算其水分。

$$W = W_1 + W_2 - \frac{W_1 W_2}{100}$$

式中　W——100g原大米的水分含量，g

W_1——100g原大米在预干燥中失去的水分，g

W_2——100g预干燥后样品所含的水分，g

6．大米水含量的测定记录

大米水含量的测定记录见表5－4。

表5－4　大米水含量的测定记录表

记录内容	1	2	3	水含量/%
干燥前称量瓶和大米粉的质量/g				
称量瓶的质量/g				
干燥后称量瓶和大米粉的质量/g				
结果				

二、大米新陈度试验

（一）方法一

1．原理

通过指示剂的颜色变化显示大米的新陈度。

2．试剂

甲基红、溴百里酚蓝溶液。

（1）指示剂原液　0.1g甲基红，0.3g溴百里酚蓝，溶于150mL无水乙醇中，加水稀释至200mL。

（2）显色剂使用液　将指示剂原液与水以1∶50混合。

3．操作

（1）取大米试样5g放入试管中。

（2）加入10mL显色剂使用液，摇匀。

（3）观察溶液显色情况。

4. 结果

米粒越新鲜颜色越绿，已氧化的大米由黄色变为橙色。

（二）方法二

1. 原理

通过显色剂的颜色变化显示大米的新陈度。

2. 试剂

（1）BTB液（含0.1%溴百里酚蓝的20%乙醇溶液） 称取0.1g溴百里酚蓝溶于20mL无水乙醇，用水定容至100mL。

（2）CR液（含有0.1%甲酚红的50%乙醇溶液） 称取0.1g甲酚红溶于50mL无水乙醇，用水定容至100mL。

（3）显色剂 吸取BTB液及CR液各1mL于25mL棕色容量瓶中，加入1mL 0.1mol/L NaOH溶液，用75%乙醇溶液定容至25mL，充分混匀，备用。

3. 操作

（1）取大米试样2g于试管中。

（2）加4mL显色剂。

（3）用力振荡5min后，放置10min、30min、50min时观察颜色。

4. 结果

大米由新到陈，颜色由紫色经蓝到灰到黄色。

（三）方法三：愈创木酚反应法

1. 原理

过氧化物酶是一种以血红素为辅基，可直接催化过氧化物反应的酶。在过氧化物酶的作用下，过氧化氢放出活性很强的原子氧［O］，可氧化愈创木酚生成臭氧化物、四愈创醌，氧化产物是红褐色的。大米越新鲜，过氧化物酶的活性越强，反应产物的红色越深，陈大米因过氧化物酶的活性丧失，故不变色，大米的新鲜度与溶液开始变色的时间成正相关关系。其反应式为：

$$\text{愈创木酚} + H_2O_2 \xrightarrow{\text{过氧化物酶}} \text{四愈创醌} + H_2O$$

2. 试剂

（1）1%愈创木酚溶液 将原液用水稀释100倍。

（2）1%过氧化氢溶液。

3. 操作

（1）取大米约5g置于试管中。

（2）加10mL 1%愈创木酚溶液，剧烈振动20次左右。

（3）将愈创木酚溶液移入另一个试管中，静置2~3min。

（4）加入3滴1%过氧化氢溶液。

（5）在静置状态下，观察愈创木酚溶液显色程度。

4．结果

如果是新大米，经过1～3min，白色或微黄色的愈创木酚溶液从上部开始呈浓赤褐色，陈米则完全不着色。如是新、陈米混合，新米比例大，呈色反应快，而且呈浓赤褐色；陈米比例大，显色反应慢，而且呈淡赤褐色。

（四）方法四：愈创木酚、对苯二胺并用法

1．试剂

（1）1%愈创木酚溶液　将原液用水稀释100倍。

（2）3%过氧化氢溶液。

（3）2%对苯二胺溶液　称取2g对苯二胺于100mL水中用超声波溶解。

2．操作

（1）取试样50～100粒置于试管内。

（2）加入4mL 1%愈创木酚溶液，振动后，静置2min左右。

（3）再加入3～4滴3%过氧化氢溶液，振动后，加入3mL 2%对苯二胺溶液，振动，静置3min后，倒掉试管中溶液，用水冲洗试样进行观察。

3．结果

新鲜大米酶活力强，显色深，陈大米酶活力弱，着色慢而浅。

大米新陈度试验记录见表5－5。

表5－5　大米新陈度试验记录表

试验方法	试验结果			
	1#	2#	3#	4#
方法一				
方法二				
方法三				
方法四				

三、淀粉的测定

淀粉是由葡萄糖单位构成的聚合体，其分解产物通过酵母发酵生成酒精。淀粉是浸出物的主要组成，淀粉含量越高，其浸出物含量越高，糖化时糖化收得率就越高，生产成本越低。

淀粉的主要性质是具有水解性，在酶或酸的作用下可以水解，其产物是葡萄糖。淀粉的测定常用酶水解法。

1．原理

样品经除去脂肪及可溶性糖类后，其中淀粉在麦芽浸出液中酶的催化下，水解成麦芽糖，然后在高温下（120～130℃）用酸将麦芽糖快速分解为葡萄糖，最后利用葡萄糖的还原性，以斐林试液或铁氰化钾滴定测定还原糖，并折算成淀粉含量。

2. 试剂

（1）麦芽浸出液　取100g麦芽，细粉碎（选用0.2mm的磨间距），加入400mL水，混匀。于20℃浸渍2～3h，并不断搅拌。过滤后取透明滤液使用。

（2）0.05mol/L碘溶液（不标定）。

（3）25%盐酸溶液　取浓盐酸（36%）694mL，用水稀释至1000mL。

（4）1g/L甲基橙指示剂。

（5）40%和10%氢氧化钠。

（6）浓盐酸　分析纯。

（7）85%酒精。

（8）甘油（工业用）。

（9）斐林溶液。

① 硫酸铜溶液：称取15g硫酸铜（$CuSO_4 \cdot 5H_2O$）及0.05g次甲基蓝溶于水并稀释至1000mL。

② 碱性酒石酸钾钠溶液：称取50g酒石酸钾钠、75g氢氧化钠溶于水中，再加入4g亚铁氰化钾，完全溶解后，用水稀释至1000mL。

（10）0.1%标准葡萄糖溶液　称取1.000g于105℃烘至恒质量的无水葡萄糖，溶于少量水中，加5mL浓盐酸（防止微生物生长），定量转移至1L容量瓶中，用水稀释至刻度。

（11）1%次甲基蓝指示剂。

（12）1%铁氰化钾溶液　溶10g铁氰化钾于水中，稀释至1L。

3. 仪器

（1）水浴　水温度50～65℃

（2）甘油浴　温度120～130℃。

（3）半微量滴定管10mL，分度值为0.05mL。

4. 操作

（1）样品的处理

① 称取大米细粉碎试样5g左右（精确至0.002g），加50mL 85%酒精，于50℃保温半小时，并不断搅拌。

② 倒上层清液于装有滤纸的漏斗中，残渣再用85%酒精重复操作①处理两次，过滤，以50mL 85%酒精洗涤滤渣。

（2）酶水解

① 转移滤渣到250mL锥形瓶中，加15mL热水，摇匀后，塞上带有长玻璃管的橡皮塞，放在沸水浴上煮沸1h。

② 将锥形瓶内容物冷却至65℃左右，加入10mL麦芽浸出液，摇匀，于55～65℃水浴中糖化至碘试验不显色反应（取出1滴，置于点滴板或白粉笔上，冷却后，加1滴碘液），一般约需2h。如果长时间糖化尚有蓝色或紫色反应时，可再加热煮沸30min，冷却至65℃左右再加10mL麦芽浸出液，保温，直至糖化完全。

③ 在一直径为60mm的漏斗内放少许脱脂棉，放在250mL容量瓶上，过滤糖化液，并以热水洗涤滤渣，洗液一并滤入容量瓶，冷至室温后稀释至刻度，摇匀。

（3）酸水解

① 取滤液25.00mL，放入100mL容量瓶中，加25mL 25%盐酸溶液，放入120～130℃的甘油浴中，保持沸腾7min。为减少水分蒸发，可在瓶口加一漏斗。

② 取出容量瓶，用冷水冷却，加1滴甲基橙指示剂，慢慢加40%氢氧化钠溶液中和，当接近中性时，改用10%氢氧化钠溶液中和。中和后加浓盐酸0.5mL，加水至刻度，摇匀。

（4）测定

① 斐林溶液滴定法：取斐林溶液①和②各5mL，放于100mL锥形瓶中，加入5.00mL水解后的试液，从滴定管加入一定量标准葡萄糖液（加入的体积比预测时样品溶液消耗的标准葡萄糖液总体积少1mL），混匀。在2min内加热至沸腾，继续以每滴4～5s的速度滴入标准葡萄糖液至蓝色或紫色消失。

注意：沸腾后加入的葡萄糖液量应在0.5～1.0mL的范围内，可由沸腾前加入的葡萄糖液的量来调节。

② 铁氰化钾溶液滴定法：取10.00mL 1%铁氰化钾溶液和2.5mL 10%氢氧化钠溶液于一个100mL锥形瓶中，加水解后的试样5.00mL。由滴定管加入一定量标准葡萄糖液（加入的体积比预测时样品溶液消耗的标准葡萄糖液总体积少0.5mL），并以等量水稀释，混匀。迅速加热煮沸1min。加入1滴次甲基蓝指示剂，继续用标准葡萄糖液滴至蓝色消失。

注意：沸腾后加入葡萄糖液的量应在0.5mL左右，可由沸腾前加入的标准葡萄糖液的量来调节。

（5）空白试验　不加样品，同样品一样糖化、水解和滴定，进行空白试验。

5. 计算

$$w_0 = \frac{(V_2 - V_1) \times \frac{1}{1000}}{m(1-w) \times \frac{25}{250} \times \frac{5}{100}} \times 0.9 \times 100$$

$$= \frac{(V_2 - V_1)}{m\ (1-w)} \times 0.18 \times 100$$

式中　w_0——大米中淀粉的质量分数（绝干），%

V_1——样品测定中标准葡萄糖液总量，mL

V_2——空白测定中标准葡萄糖液总量，mL

m——大米样品质量，g

0.9——葡萄糖换算成淀粉的系数

w——大米样品中水分的质量分数，%

6. 注意事项

（1）如有市售淀粉糖化酶，也可用淀粉糖化酶代替麦芽浸出液，方法为样品经煮沸冷却至65℃后，加0.05g用水调成糊状的淀粉糖化酶。其他操作同前。

（2）样品用85%酒精处理的目的是除去样品中的脂肪和可溶性糖，如不考虑少量糖对结果的影响，则此步可省去。

（3）滴定时，沸腾后标准葡萄糖液的加入量必须控制在要求范围之内，整个滴定从沸腾开始计时，必须在3min内结束，否则影响结果。为此可先做一预备试验，在大约知道标准葡萄糖液用量的基础上再进行准确滴定。

（4）因麦芽浸出液本身在糖化过程中也生成葡萄糖，故需同时做空白试验，从计算中扣除，以校正测定结果。

7. 大米淀粉的测定记录

大米淀粉的测定记录见表5-6。

表5-6 大米淀粉的测定记录表

记录内容	1#	2#	3#	平均值
取样前样品与称量瓶的质量/g				
取样后样品与称量瓶的质量/g				
称取的样品质量/g				
样品的水含量/%				
样品测定中消耗标准葡萄糖液总量/mL				
空白测定中消耗标准葡萄糖液总量/mL				
淀粉的含量/%				

四、浸出物含量的测定

大米浸出物含量会随水稻的品种、产地以及生长条件不同，有比较大的差异，大米浸出物含量会影响糖化车间的糖化收得率。

（一）ASBC（国际法）

1. 原理

大米经糊化后，添加麦芽（酶原）糖化，制得麦汁，测其浸出物含量，减去麦芽本身的浸出物含量后即为大米的浸出物含量。

2. 试剂

(1) 碘溶液 [c ($1/2I_2$) =0.02mol/L] 称取1.3g碘和3.50g碘化钾，用水溶解并定容至500mL，贮于棕色瓶中，放在暗处保存。该溶液应每月重新配制。

(2) 酶原 淡色啤酒麦芽，糖化力300～400WK单位，测定其水分和浸出率。

3. 仪器

(1) 糖化仪 控温精度±1℃，水浴升温速度1℃/min，带500～600mL的铜(或不锈钢)糖化杯，搅拌速度100r/min。

(2) 粉碎机 DLFU盘式粉碎机。

(3) 加热器 电炉或其他加热器。

(4) 分析天平 感量0.1mg。

(5) 天平 感量0.1g。

(6) 密度仪或附温密度瓶 (25mL或50mL)。

(7) 高精度恒温水浴 控温精度±0.1℃。

(8) 锥形瓶、漏斗、折叠滤纸等。

4. 操作

(1) 麦芽及大米样品粉碎

① 将DLFU盘式粉碎机调至细粉位置（盘间距为0.2mm)，清扫粉碎机并用少量麦芽粉碎洗涤粉碎机，然后将麦芽进行粉碎。

② 将DLFU盘式粉碎机调至细粉位置（盘间距为0.2mm)，清扫粉碎机并用少量大米粉碎洗涤粉碎机，然后将大米进行粉碎。

(2) 糖化

① 称取20.00g细粉碎的大米样品和5.00g细粉碎的麦芽于已知质量的糖化杯中。

② 加200mL 46℃水，在搅拌下用加热器在10～15min内煮沸，再继续搅拌，微沸10min，每隔5min添加一次沸水，使其总体积保持基本不变。

③ 将糖化杯置于协定糖化仪中，使杯内物冷却至45℃。

④ 添加25.00g麦芽粉，搅拌均匀，不得有结块，用少量46℃水冲洗杯壁上的黏附物至醪液中。

⑤ 开动搅拌 (100r/min)，在45℃保温30min。

⑥ 以1℃/min的速度升至70℃，加100mL 70℃水，在70℃保温60min。当杯内内容物达到70℃后每隔15min做一次碘试验，直到碘试验完成，记录转化完全的时间。记录为小于15min，15～30min，30～45min，45～60min，60min转化不完全。

⑦ 通冷水使其在10～15min内迅速冷却至室温。

(3) 过滤

① 准备干燥的 500mL 锥形瓶、漏斗、折叠滤纸。

② 关闭搅拌器，取出糖化杯，用少量蒸馏水冲洗搅拌器，擦干糖化杯的外壁，加蒸馏水至杯内容物准确称量为 450. 0g。

③ 用玻璃棒充分搅拌后，迅速用折叠的中速滤纸过滤，将最初收集的约 100mL 滤液返回重滤，滤液收集于一干燥的 500mL 锥形瓶中，备用。

（4）滤液浓度的测定

①密度瓶测定相对密度：操作同第三章第四节。

计算滤液的相对密度：

$$d_{20}^{20} = \frac{m_2 - m}{m_1 - m}$$

式中 d_{20}^{20}——滤液 20℃时的相对密度

m——密度瓶的质量，g

m_1——密度瓶加水的质量，g

m_2——密度瓶加滤液的质量，g

根据 d_{20}^{20}的计算结果，查附录九，得出滤液的浸出物含量。

② 密度仪测定密度：操作同第三章第四节。从密度仪读取滤液的浸出物含量或密度。

5. 计算

$$E_1 = \frac{p(800 + 0.6w_m + 0.40w_c)}{100 - p}$$

$$E_2 = \frac{E_1 - 0.60E_m}{40} \times 100$$

$$E_3 = \frac{E_2}{100 - w_c} \times 100$$

式中 E_1——60g 麦芽和 40g 大米样品的总浸出物质量分数（风干）,%

E_2——大米样品浸出物的质量分数（风干）,%

E_3——大米样品浸出物的质量分数（绝干）,%

p——滤液中浸出物的含量（从附录九查得或从密度仪上直接读取）,%

w_m——所用麦芽水分的质量分数,%

w_c——大米样品水分的质量分数,%

E_m——所用麦芽的浸出率（风干）,%

计算结果保留两位小数。

例 5－1：测定大米浸出物含量时，所用麦芽水分含量为 5. 0%，麦芽风干浸出率为 76. 20%，大米水分含量为 12. 5%，滤液相对密度（20℃/20℃）为 1. 0343。求大米浸出物的质量分数。

解：查附录九得滤液的浸出物含量为 8. 61%。

$$E_1 = \frac{8.61\times(800+0.60\times5.0+0.40\times12.5)}{100-8.61} = 76.12\%$$

$$E_2 = \frac{76.12-0.60\times76.20}{40}\times100 = 76.00\%$$

$$E_3 = \frac{76.00}{100-12.5}\times100 = 86.86\%$$

(二) 德克拉克法

1. 原理

同 ASBC 法的测定原理。

2. 试剂

同 ASBC 法所用试剂。

3. 仪器

(1) 温度计　0～100℃，分度值1℃。

(2) 其他仪器同 ASBC 法所用仪器。

4. 操作

(1) 麦芽及大米样品的粉碎　同 ASBC 法。

(2) 糖化

① 分别称取细粉碎的大米样品 25.00g 和麦芽粉 25.00g。

② 将大米样品置于已知质量的糖化杯中，量取 200mL 水，先用少许水将其调成糊状后，将水全部加入，搅匀，将杯置于加热器上，在不断搅拌下升温至90℃，以保证淀粉完全糊化。

③ 加蒸馏水使杯内内容物降温至 70～75℃，从称取的 25.00g 麦芽粉中取约 1g 麦芽粉加入其中，搅拌，液化 8～10min。用加热器快速加热煮沸，并保持10～15min。

④ 将杯置于糖化仪中，使杯内内容物冷却至 45℃时，将剩余的麦芽粉和100mL 45℃水于搅拌下加入，用 50mL 45℃水冲洗温度计和杯壁。

⑤ 开动搅拌（100r/min），在 45℃保温 30min。

⑥ 以 1℃/min 的速度升至 70℃，加 100mL 70℃水，在 70℃保温 60min。当杯内内容物达到 70℃后每隔 15min 做一次碘试验，直到碘试验完成，记录转化完全的时间。记录为小于 15min，15～30min，30～45min，45～60min，60min 转化不完全。

⑦ 通冷水使其在 10～15min 内迅速冷却至室温。

(3) 过滤　同 ASBC 法。

(4) 滤液浓度的测定　同 ASBC 法。

5. 计算

相对密度的计算与 ASBC 法相同，并根据相对密度（20℃/20℃）查附录九得出滤液的浸出物含量。

$$E_1 = \frac{p \times (1600 + w_m + w_c)}{100 - p} - E_m$$

$$E_2 = \frac{E_1}{100 - w_c} \times 100$$

式中 E_1——大米样品浸出物的质量分数（风干），%

E_2——大米样品浸出物的质量分数（绝干），%

p——滤液中浸出物的含量（从附录九查得或从密度仪上直接读取），%

w_m——所用麦芽水分的质量分数，%

w_c——大米样品水分的质量分数，%

E_m——所用麦芽的浸出率（风干），%

计算结果保留两位小数。

例 5－2：大米水分为 12.50%，麦芽水分为 5.0%，麦芽浸出率为 76.20%，滤液的相对密度为（20℃/20℃）1.0352，求大米浸出物的质量分数。

解：查附录九得滤液的浸出物的含量为 8.83%，

$$E_1 = \frac{8.83 \times (1600 + 5.0 + 12.5)}{100 - 8.83} - 76.20 = 80.46\%$$

$$E_2 = \frac{80.46}{100 - 12.5} \times 100 = 91.95\%$$

（三）大米浸出物的测定记录

大米浸出物的测定记录见表 5－7。

表 5－7 大米浸出物的测定记录表

	记录内容					平均值
ASBC 法		1#杯	2#杯	3#杯	4#杯	
	杯的质量/g					
	杯＋20g 大米粉＋5g 麦芽粉					
	杯＋450g 内容物					
	滤液浓度/%					
	麦芽的水含量 w_m/%					
	麦芽的浸出率 E_m/%					
	大米的水含量 w_c/%					
	麦芽和大米的总浸出物含量/%					
	大米浸出物的质量分数（风干）/%					
	大米浸出物的质量分数（绝干）/%					

续表

	记录内容					平均值
		1#杯	2#杯	3#杯	4#杯	
德克拉克法	杯的质量/g					
	杯 +25g 大米粉 +25g 麦芽粉					
	杯 +450g 内容物					
	滤液浓度/%					
	麦芽的水含量 w_m/%					
	麦芽的浸出率 E_m/%					
	大米的水含量 w_c/%					
	大米浸出物的质量分数（风干）/%					
	大米浸出物的质量分数（绝干）/%					

五、脂肪的测定

谷物中的脂肪酸既有游离态，也有与蛋白质或碳水化合物等结合的结合态。在大米中游离态脂肪酸是主要的，结合态脂肪酸含量较少。辅料大米中脂肪的含量对啤酒的泡沫、啤酒的风味、口味和稳定性都有直接的影响。

脂肪酸不溶于水，易溶于有机溶剂，测定脂类大多采用低沸点的有机溶剂萃取的方法。

（一）索氏提取法

1. 原理

用四氯化碳回流萃取，使试样中的脂肪进入四氯化碳中，从接收瓶中除去溶剂和水分，称量残留物的质量，计算出试样的脂肪含量。

2. 试剂

新蒸馏的四氯化碳。

3. 仪器

（1）粉碎机　DLFU 盘式粉碎机。

（2）分析天平　感量 0.1mg。

（3）称量瓶　直径 50mm。

（4）索氏提取器　如果接口处是磨口玻璃，不能使用润滑剂。抽提烧瓶应为 250mL，冷凝管为球形，萃取管容积 100mL，如图 5 - 1 所示。

（5）加热器　调温电炉或其他可调温加热器，上置合适的沙浴、油浴或水浴。

（6）电热恒温干燥箱　温度调节范围为 80 ~ 120℃。

（7）干燥器。

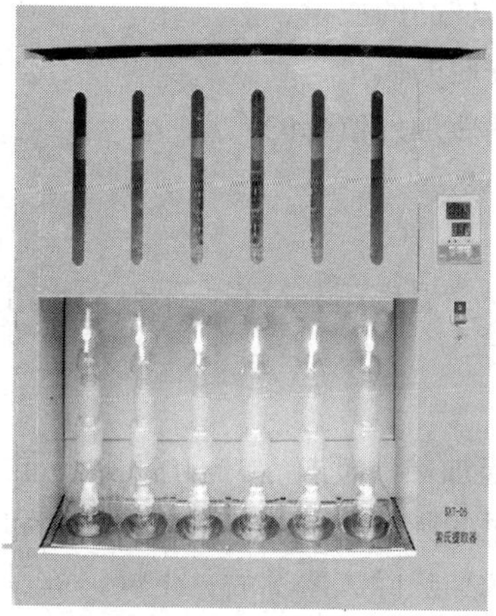

图 5-1 索氏提取器

4. 操作

（1）大米样品的粉碎 将 DLFU 盘式粉碎机调至细粉位置（磨间距为 0.2mm），清扫粉碎机并用少量大米粉碎洗涤粉碎机，然后将大米进行粉碎。

（2）抽提

① 称取细粉碎的大米样品约 10g（精确至 0.0001g），用四氯化碳定量转入索氏提取器的萃取管中，于粉碎料上放脱脂棉和不锈钢丝网。

② 向已称至质量恒定的抽提烧瓶中加入 150～200mL 新蒸馏的四氯化碳，从下自上连接抽提烧瓶、萃取管和冷凝器。

③ 打开冷凝水，开始加热，调节温度使虹吸速度 7～8min/次。回流萃取 3h 以上（虹吸 25 次以上）。萃取完后，将抽提烧瓶与蒸馏装置连接回收四氯化碳。

（3）烘干、称量

① 将抽提烧瓶中的四氯化碳尽量蒸发完。

② 残留物于 105～107℃ 干燥 1h，取出放干燥器中冷却至室温后称量，并重复操作至质量恒定。

5. 计算

$$w_1 = \frac{m_2 - m_1}{m} \times 100$$

$$w_2 = \frac{w_1}{100 - w_c} \times 100$$

式中 w_1——大米样品中脂肪的质量分数（风干），%

w_2——大米样品中脂肪的质量分数（绝干），%

w_c——大米样品中水分的质量分数，%

m——称取的大米样品的质量，g

m_1——抽提前抽提瓶的质量，g

m_2——抽提后抽提瓶加残留物的质量，g

计算结果保留两位小数。

6. 注意事项

蒸发溶剂四氯化碳时，温度不宜过高，最好用水浴加热，防止脂肪炭化。

（二）酸水解法

1. 原理

试样与盐酸溶液一起加热，使样品中的淀粉和蛋白质被水解，细胞壁被破坏，结合或包埋在组织里的脂肪被游离，然后用乙醚和石油醚进行液-液萃取脂肪，将萃取后的有机溶液加热除去溶剂后，干燥，称量提取物的质量，计算出试样中的脂肪含量。

2. 试剂

（1）盐酸。

（2）95%乙醇。

（3）乙醚　分析纯，不含过氧化物。

（4）石油醚　沸程30~60℃。

3. 仪器

（1）电热恒温烘箱　温度调节范围为80~120℃。

（2）电热恒温水浴锅　温度调节范围为50~80℃。

（3）具塞刻度量筒　容积100mL。

（4）分析天平　感量0.1mg。

（5）移液管　10mL。

（6）锥形瓶　100mL。

（7）试管　50mL。

4. 操作

（1）样品的处理　称取细粉碎的大米样品2~2.5g（精确至0.001g），置于50mL大试管中，加8mL水，混匀后再加10mL盐酸。

（2）水解　将试管放入70~80℃的恒温水浴锅中消化40~50min，在消化过程中每隔5~10min搅拌或摇动一次，直至消化完全。

（3）提取

① 将试管从水浴锅中取出，用流水冷却，加入10mL乙醇，振摇，使蛋白质沉淀。

② 将试管中的内容物转入100mL具塞量筒中。以25mL乙醚分次洗净试管，洗液并入量筒中。加塞，轻轻振荡使混合均匀，慢慢转动塞子，放出乙醚产生的

气体。再次加塞，用手指压紧塞子顶部，用力振摇1min，小心开塞放出气体，再塞好，静置12min，小心开塞。

③ 用石油醚－乙醚等体积混合液冲洗塞上及筒口附着的脂肪，静置10～20min，使乙醚层与黑褐色的水层分离，吸出上清液于已质量恒定的小锥形瓶内，再加5mL乙醚于具塞量筒中，振摇，静置后，仍将上层乙醚吸出，并入原小锥形瓶内。用少量石油醚－乙醚等体积混合液洗吸管2～3次，洗液并入小锥形瓶中。

（4）烘干、称量

① 将小锥形瓶置于60℃左右的水浴上小心蒸干（蒸发应平缓进行，以免脂肪溅失）。

② 置于电热恒温烘箱的，在95～105℃干燥2h，取出，放入干燥器内冷却30min后称量。并重复操作直至质量恒定。

5. 计算

$$w_1 = \frac{m_1 - m_0}{m} \times 100$$

$$w_2 = \frac{w_1}{100 - w_c} \times 100$$

式中 w_1——大米样品中脂肪的质量分数（风干），%

w_2——大米样品中脂肪的质量分数（绝干），%

m_1——锥形瓶和脂肪的总质量，g

m_0——锥形瓶的质量，g

m——大米样品的质量，g

w_c——大米样品中水分的质量分数，%

6. 注意事项

（1）本法适用于谷物及其他淀粉质原料中的脂肪测定。由于谷物中与蛋白质或碳水化合物等结合的脂肪，用乙醚不能完全提取，因此，需将试样与盐酸一同加热，淀粉、蛋白质等均被水解，使脂肪游离出来，而容易用溶剂提取。所以本法能测定包含在试样组织内部并与其他成分结合在一起的脂肪。但测定含有大量磷脂的试样不宜采用，因为磷脂在盐酸中加热时几乎完全分解为脂肪酸和碱，测定时只有脂肪酸被溶剂提取，使结果偏低。

（2）提取过程中，洗涤试管和吸管及吸取提取液要仔细，以防止脂肪损失。

（3）因为人体皮肤上会有油脂等，在操作时一定要洗净。在操作过程中拿放小锥形瓶、干燥、称量时要用器具取。

（三）脂肪的测定记录

脂肪的测定记录见表5－8。

表 5－8　大米脂肪的测定记录表

	记录内容					平均值
	编号	1#	2#	3#	4#	
索氏提取法	取样前样品与称量瓶的质量/g					
	取样后样品与称量瓶的质量/g					
	称取的样品质量/g					
	抽提前抽提瓶的质量 m_1/g					
	抽提后抽提瓶＋残留物的质量 m_2/g					
	大米的水含量 w_c/%					
	脂肪的含量（风干）w_1/%					
	脂肪的含量（绝干）w_2/%					
酸水解法	取样前样品与称量瓶的质量/g					
	取样后样品与称量瓶的质量/g					
	称取的样品质量/g					
	锥形瓶的质量 m_0/g					
	锥形瓶＋脂肪的总质量 m_1/g					
	大米的水含量 w_c/%					
	脂肪的含量（风干）w_1/%					
	脂肪的含量（绝干）w_2/%					

复习思考题

1. 测定大米水含量应注意哪些事项？
2. 简述 ASBC 法和德克拉克法测定大米浸出物含量的原理。
3. 测定大米浸出物含量的方法有哪几种？简述其原理。
4. 简述索氏提取法测定大米脂肪的原理。
5. 简述酸水解法测定大米脂肪的原理。

第六章

麦汁分析

知识目标

1. 通过本章的学习掌握麦汁样品的采集方法；
2. 了解麦汁的感官评价；
3. 掌握麦汁的理化检测项目，检测指标。

技能目标

1. 通过麦汁分析的实验，能准确地进行麦汁的全分析；
2. 能正确地评价麦汁的质量。

第一节 麦汁的质量要求

麦汁是啤酒生产过程中非常重要的中间产品，它既是糖化车间的产品，又是发酵车间的原料，其质量状况一方面反映糖化工作的质量，另一方面直接影响到发酵工作的正常进行以及最终成品啤酒的质量。若麦汁的质量有缺陷，在啤酒的发酵和过滤过程中有很多问题是难以弥补的。因此，啤酒厂对每锅麦汁进行严格的分析和检测，全面了解和掌握每锅糖化麦汁的质量状况是非常重要的。

麦汁是啤酒生产的中间产品，各啤酒企业要根据生产的啤酒种类制定适应本厂的麦汁质量要求。表6－1所示为麦汁质量要求的参考值。

表 6-1　麦汁的质量要求（12°P 浅色麦汁）

检查项目	质量要求	检测周期	取样地点	作用与说明
感官要求（外观，颜色，香气和口味）	清亮，无悬浮物和沉淀物，淡黄色有光泽，有麦芽香、酒花香，口尝甜润，无异香异味	每锅	薄板冷却器出口	麦汁的感官影响啤酒的外观及啤酒的非生物稳定性，麦汁的口味与其种类有关
麦汁浓度	10°P，11°P，12°P，±0.2°P	每锅	薄板冷却器出口	根据所酿造啤酒的品种而定，麦汁浓度决定啤酒的浓度，影响啤酒的口味
色度/EBC	<9.0	每锅	薄板冷却器出口	保证成品啤酒的色度，根据啤酒的种类而定
pH	5.2~5.6	每锅	薄板冷却器出口	影响酵母代谢产物、酵母凝聚等
总酸（以消耗1mol/L NaOH 计）/(mL/100mL)	1.5~2.1	每锅	薄板冷却器出口	太低不利于酵母正常发酵，太高影响啤酒的风味
固形物/（mg/L）	<80（越少越好）	抽检	煮沸锅煮沸开始前取样（即满锅麦汁）	反映麦汁的过滤情况，高了会影响啤酒的过滤和啤酒的非生物稳定性
热凝固物/（mg/L）	<50	抽检	煮沸结束后取样	反映麦汁的煮沸情况，高了会影响啤酒的非生物稳定性
冷凝固物/（mg/L）	80~150	抽检	薄板冷却器出口	高了会影响啤酒的非生物稳定性，太低会影响啤酒的口味和泡沫
总氮/（mg/L）	900~1100	每锅	薄板冷却器出口	根据麦汁的浓度而定，高了影响啤酒口味及非生物稳定性，太低影响发酵
氮的组成	以 12% 的麦汁为标准，高分子氮 20%~25%，中分子氮 15%~20%，低分子氮 60%	抽检	薄板冷却器出口	高分子氮含量高对泡沫有利，但对非生物稳定性不利；中分子氮为 CO_2 的载体；低分子氮是酵母的营养，有利于发酵
α-氨基氮/（mg/L）	180~240	每锅	薄板冷却器出口	保证酵母的营养和低的双乙酰及高级醇的含量。糖化时加辅料的麦汁 α-氨基氮含量低些，全麦芽的麦汁 α-氨基氮含量高些

续表

检查项目	质量要求	检测周期	取样地点	作用与说明
可凝固性氮/（mg/L）	10～20	抽检	薄板冷却器出口	太低，啤酒的泡持性差；太高，啤酒非生物稳定性差
最终发酵度 EV°/%	80	每锅	薄板冷却器出口	控制发酵过程，判断成品的发酵程度
碘值	<0.25	抽检	薄板冷却器出口	碘值高影响啤酒的过滤和非生物稳定性
苦味值/EBU	<30	每锅	薄板冷却器出口	控制成品啤酒的苦味值
总多酚/（mg/L）	<250	每锅	薄板冷却器出口	太高，啤酒的非生物稳定性差
黏度/（mPa·s）	1.73～2.20	每锅	薄板冷却器出口	黏度高，啤酒泡持性好，但啤酒的过滤困难，非生物稳定性差
溶解氧/（mg/L）	7～9	每锅	麦汁接种前取样	酵母繁殖需要氧气

第二节　麦汁样品的采集和处理

一、样品的采集

1. 样品采集的原则

麦汁取样要有代表性，取样时要根据麦汁检测项目的要求，在不同的地点进行取样。不同的分析项目，取样地点和取样时间可能不同。

2. 取样时间

（1）批检项目的取样时间　每锅麦汁冷却30min后取样。

（2）抽检项目的取样时间　按要求而定，一般每2～7天取一次样。

3. 取样地点和取样方法

（1）头道麦汁　在头道麦汁过滤过程中，打开过滤槽出口取样阀，用1L干净的锥形瓶接取700～800mL头道麦汁，塞上棉塞。若不能马上分析，应冷却并低温保存。

（2）洗槽麦汁　在洗槽过程中，打开过滤槽出口取样阀，用1L干净的锥形瓶接取 700 ~ 800mL 洗糟麦汁，塞上棉塞。若不能马上分析，应冷却并低温保存。

(3) 满锅麦汁　在煮沸锅取样，打开煮沸锅取样阀，用 1L 干净的锥形瓶接取 700 ~ 800mL 样品，塞上棉塞。或者用一洁净的长柄不锈钢勺伸入煮沸锅中央，在没有泡沫处，取 700 ~ 800mL 麦汁于一洁净的锥形瓶中，塞上棉塞。若不能马上分析，应冷却并低温保存。

(4) 煮沸麦汁　在煮沸锅取样，同 (3) 的操作。

(5) 打出冷麦汁（成品麦汁）　在冷却器出口取样，取样时先打开取样阀，放掉阀中残存的水和麦汁，再用 1L 洁净的锥形瓶接取 700 ~ 800mL 麦汁，塞上棉塞。

(6) 接种麦汁　取充氧后的麦汁，用溶解氧测定仪直接取样测定溶解氧。

二、麦汁样品的处理

根据分析的要求，待样品的温度与实验室温度一致后，用中速的折叠滤纸过滤，弃去开始的 100mL 滤液，滤液收集于一洁净、干燥的锥形瓶或磨口瓶中，备用。

第三节　麦汁的感官检验

将 50mL 的麦汁注入 100mL 的烧杯中，待样品温度与室温相同后，进行感官检测。

一、外　观

麦汁应清亮，无大片、大块或絮状的悬浮物和沉淀物。

二、颜　色

浅色啤酒的麦汁应为淡黄色、有光泽。

深色啤酒的麦汁应为红棕色。

黑色啤酒的麦汁应为黑褐色。

三、香气和口味

轻轻摇动装有麦汁的烧杯或用玻璃棒搅动麦汁，闻其气味。

浅色啤酒的麦汁：应有明显的酒花香、麦芽香气，口尝甜润，有明显的酒花苦味，无异香异味。

深色啤酒的麦汁：应有突出的麦芽香气和焦香气，略有酒花香，口尝甜润，有酒花后苦味，无异香异味。

黑色啤酒的麦汁：应有浓厚的麦芽香和焦香气味，略有酒花香，口尝甜润，略有酒花苦味。

第四节　麦汁的 pH 和总酸

一、pH 的测定

麦汁的 pH 影响酵母代谢产物、酵母凝聚等。

1. 原理

参见第二章第三节水 pH 测定。

2. 试剂

参见第二章第三节水 pH 测定。

3. 仪器

参见第二章第三节水 pH 测定。

4. 操作

参见第二章第三节水 pH 测定。

二、总酸的测定

总酸是指样品中能与强碱（氢氧化钠）中和的所有物质的总量。总酸表示为 100mL 麦汁所消耗 1.000mol/L 氢氧化钠标准溶液的体积（mL）。麦汁总酸太低不利于酵母正常发酵，太高影响成品啤酒的风味。

1. 原理

利用酸碱中和的原理，用氢氧化钠标准溶液直接滴定，用 pH 计指示滴定终点，当 pH = 9.0 时即为终点，根据所消耗氢氧化钠标准溶液的体积计算样品的总酸。

2. 试剂

（1）0.1mol/L 氢氧化钠标准溶液（参见第二章水分析的配制和标定）。

（2）pH9.18 标准缓冲溶液（参见第二章水 pH 的测定配制）。

（3）pH6.86 标准缓冲溶液（参见第二章水 pH 的测定配制）。

3. 仪器

（1）酸度计或电位滴定仪。

（2）磁力搅拌器。

（3）碱式滴定管。

（4）移液管　50mL。

4．操作

（1）取样品麦汁 50.0mL，置于 100mL 烧杯中，放入磁力搅拌棒，置烧杯于磁力搅拌器上。

（2）按酸度计说明书的要求校正酸度计。

（3）插入酸度计或电位滴定计的测量电极，并调整至合适的位置，开动搅拌器。

（4）用 0.1mol/LNaOH 标准溶液滴定样品，滴定至溶液 pH9.0 即为终点，记录消耗氢氧化钠的体积。

5．计算

$$总酸含量（以每 100mL 麦汁消耗 1.000mol/L\ NaOH 计）=2cV$$

式中　c——氢氧化钠标准溶液的浓度，mol/L

2——体积换算系数

V——滴定所消耗氢氧化钠标准溶液的体积，mL

若测定麦芽的总酸含量，计算公式如下：

$$总酸含量（以每 100g 麦芽干物质消耗 1.000mol/L\ NaOH 计）=\frac{2cVE}{P\rho}$$

式中　E——麦芽绝干浸出率,%

P——协定麦汁浸出物浓度,%

ρ——协定麦汁 20℃的密度，g/cm^3

所得结果取二位小数。

6．注意事项

（1）酸度计的使用应按说明书的要求进行，其注意事项同 pH 的测定。

（2）滴定时，在接近终点时应缓慢滴定，以减少误差。

第五节　麦汁中固形物和冷、热凝固物的测定

一、麦汁中固形物的测定

麦汁中固形物含量反映麦汁过滤工作的质量。固形物含量高会导致麦汁碘值升高，增加沉淀槽的沉淀负荷、影响沉淀槽的澄清效果，造成啤酒的非生物稳定性和口味稳定性变差等。所以要求麦汁中固形物含量小于 80mg/L，且越低越好。

方法一：过滤称量法

1. 原理

将热麦汁样品离心处理，沉淀物用水收集，然后过滤、洗涤、干燥，并称量，计算麦汁固形物的含量。

2. 仪器

（1）离心机。

（2）100mL 离心管。

（3）膜过滤装置（压力过滤）。

（4）过滤膜 ϕ50mm。

（5）干燥箱。

（6）冷却塔。

（7）分析天平 感量 0.1mg。

3. 操作

（1）在麦汁煮沸锅的取样口处，先将麦汁样品多排放一些后，接取 5L 左右的样品，充分混合。

（2）分别于 4 支已预热至麦汁温度的离心管中加入 100.0mL 麦汁，以 4500r/min 的速度离心 5min。

（3）倒掉上清液。

（4）加入 50mL 水并用塑料棒搅拌。

（5）将混合液全部转移至过滤装置中（过滤膜需先干燥并称量）。

（6）在 0.15MPa 压力下进行过滤。

（7）每次用 30mL 水冲洗，洗三次。

（8）将过滤膜在 105℃下干燥 2h，然后在冷却塔中冷却 30min。

（9）准确称出 4 个样品的总质量，精确到 0.001g。

4. 计算

$$固形物含量（mg/L）=（m_2 - m_1）\times 2.5$$

式中 m_2——过滤膜 + 沉淀物的总质量，g

m_1——过滤膜质量，g

2.5——体积换算系数

所得结果表示至一位小数。

过滤称量法测量麦汁固形物含量的记录见表 6－2。

表 6－2 过滤称量法测量麦汁固形物含量的记录表

项目	1	2	3	平均值
过滤膜的质量 m_1/g				
过滤膜和固形物的总质量 m_2/g				
固形物含量/（mg/L）				

方法二：霍夫漏斗法

1. 原理

热麦汁在霍夫漏斗中于80℃保温1h，麦汁中的固形物沉降在霍夫漏斗的底部，读取其体积，计算固形物的含量。

2. 仪器

（1）霍夫漏斗。

（2）恒温箱。

3. 操作

（1）取1L热麦汁放入霍夫漏斗中，在80℃保温1h。

（2）读取固形物的体积（mL）。

（3）每1mL沉淀物相当于30mg/L的固形物含量（经验值）。

4. 计算

$$固形物含量（mg/L）=30V$$

式中 V——读取的固形物体积，mL。

所得结果表示至一位小数，其结果记录见表6－3。

表6－3 霍夫漏斗法测量麦汁固形物含量记录表

项目	1	2	3	结果平均值
霍夫漏斗固形物的体积/mL				
结果				

二、麦汁中热凝固物的测定

麦汁中热凝固物又称煮沸凝固物或粗凝固物，是指在麦汁煮沸时，因蛋白质变性、多酚物质的氧化和聚合而形成的以蛋白质和多酚为主的复合物。热凝固物的颗粒大小一般在30～80μm。热凝固物的组成见表6－4。

表6－4 热凝固物的组成

组成成分	含量
蛋白质	50%～60%
酒花树脂	16%～20%
多酚	20%～30%
灰分	2%～3%

麦汁中热凝固物含量高会影响酵母的活性，影响发酵降糖速度，影响酵母沉降效果，增加啤酒过滤的负荷，影响啤酒的口味和非生物稳定性。

方法一：过滤称量法

1. 原理

用筛子除去打出热麦汁中的酒花糟，然后在90℃下过滤热凝固物，经洗涤、干燥后称量，计算麦汁中热凝固物的含量。

2. 仪器

（1）筛子　筛网孔径140μm。

（2）漏斗。

（3）折叠滤纸。

（4）干燥箱。

（5）恒温水浴　90℃。

（6）分析天平　感量0.1mg。

3. 操作

（1）麦汁煮沸结束立即取样。

（2）将1L麦汁保温在90℃。

（3）用筛子除去麦汁中的酒花糟。

（4）用少量90℃水冲洗酒花糟。

（5）将折叠滤纸（已称量）放入漏斗中。

（6）准确称取3g左右的硅藻土（已干燥至恒质量）加到滤纸上。

（7）将麦汁过滤。

（8）用少量90℃水冲洗沉淀物。

（9）将滤纸在107℃下干燥3h。

（10）冷却后称量。

（11）若麦汁过滤缓慢（温度降低），可将麦汁取样量减少至500mL。

4. 计算

$$热凝固物含量（mg/L）=m_3-m_2-m_1$$

式中　m_1——滤纸的质量，g

m_2——干硅藻土的质量，g

m_3——滤纸、硅藻土、热凝固物的总质量，g

所得结果表示至一位小数，结果记录见表6－5。

表6－5　过滤称量法测量麦汁热凝固物含量的记录表

项目	1	2	3	结果平均值
滤纸的质量 m_1/g				
干硅藻土的质量 m_2/g				
滤纸＋硅藻土＋热凝固物的总质量 m_3/g				
热凝固物含量/（mg/L）				

方法二：霍夫漏斗法

1. 原理

热麦汁在霍夫漏斗中于90℃保温1h，麦汁中的热凝固物沉降在霍夫漏斗的底部，读取其体积，计算麦汁中热凝固物的含量。

2. 仪器

同固形物含量测定。

3. 操作

（1）取1L热麦汁放入霍夫漏斗中，在90℃温度下保温1h。

（2）读取漏斗底部沉淀物的体积。

（3）1mL沉淀物约相当于热凝固物30mg/L（经验值）。

4. 计算

$$热凝固物含量（mg/L）=30V$$

式中　V——读取的热凝固物的体积，mL

所得结果表示至一位小数，结果记录见表6－6。

表6－6　霍夫漏斗法测量麦汁中热凝固物含量记录表

项目	1	2	3	结果平均值
霍夫漏斗中热凝固物的体积/mL				
热凝固物含量/（mg/L）				

三、麦汁中冷凝固物的测定

冷凝固物又称“细凝固物”，指麦汁除去酒花糟和热凝固物以后，冷却至2℃时，由麦汁中分离出来的凝固物，其颗粒直径在0.5～1μm或更小。冷凝固物的化学成分如表6－7所示。

表6－7　冷凝固物的组成

组成成分	含量
蛋白质	48%～57%
多 酚	11%～25%
灰 分	2%～5%
碳水化合物	20%～36%

麦汁的冷凝固物应适中，一般为80～150mg/L（2℃）。

方法一：过滤称量法

1. 原理

将除去酒花糟和热凝固物以后的麦汁冷却至2℃，然后用玻璃纤维滤纸过滤、洗涤、干燥、称量，计算麦汁中冷凝固物的含量。

2．仪器

（1）折叠滤纸　Φ32mm。

（2）水浴　20℃。

（3）锡箔纸。

（4）冰箱　2℃。

（5）玻璃纤维滤纸　Φ50mm。

（6）膜过滤装置，带冷却夹套。

（7）恒温装置　2℃。

（8）漏斗　Φ 约50mm。

（9）压缩空气减压阀（0.15MPa）。

（10）干燥塔。

（11）分析天平　感量0.1mg。

3．操作

（1）在薄板冷却器出口取打出麦汁，恒温至20℃。

（2）分别向3个50mL锥形瓶中加入50.0mL混合均匀的麦汁样品，用锡箔纸包好，在2℃下放置24h。

（3）给三张玻璃纤维滤纸标上号，在105～107℃下干燥1h，然后于干燥塔内冷却30min，称其质量（T_1、T_2、T_3）。

（4）将约200mL水冷至2℃。

（5）安装好膜过滤装置并与恒温装置连接起来，冷却至2℃。

（6）安装好玻璃纤维滤纸。

（7）通过漏斗将锥形瓶内的50mL麦汁转移至膜过滤装置中。

（8）用约20mL的2℃的水冲洗锥形瓶和漏斗。

（9）给过滤器加压0.15MPa。

（10）过滤结束后用约20mL 2℃水在带压状态（0.15MPa）下冲洗过滤器并稍加等候，直到沉淀干燥为止。

（11）泄压后将玻璃纤维滤纸在105～107℃下干燥1h，然后冷却30min，称其质量（G_1）。

（12）对另外两个锥形瓶的麦汁同样操作，然后称其质量（G_2，G_3）。

4．计算

$$\text{冷凝固物含量（mg/L）}=\frac{(G_1-T_1)+(G_2-T_2)+(G_3-T_3)}{3}\times\frac{1000}{V}$$

式中　G_1，G_2，G_3——干燥后玻璃纤维滤纸与沉淀的总质量，mg

T_1，T_2，T_3——干玻璃纤维滤纸的质量，mg

V——取样体积，mL

所得结果表示至一位小数，其结果记录于表6－8中。

表 6－8　过滤称量法测定麦汁冷凝固物含量的记录表

项目	1	2	3	结果平均值
干燥玻璃纤维滤纸的质量 T/g				
玻璃纤维滤纸＋冷凝固物干燥后的质量 G/g				
冷凝固物含量/（mg/L）				

5．注意事项

建议使用水来检查玻璃纤维滤纸，过滤水后重新干燥得到的玻璃纤维滤纸质量应与原来的玻璃纤维滤纸质量一致。

方法二：霍夫漏斗法

1．原理

冷麦汁在霍夫漏斗中于2℃保温2h，麦汁中的冷凝固物沉降在霍夫漏斗的底部，读取其体积，计算麦汁中冷凝固物的含量。

2．仪器

同固形物含量测定。

3．操作

（1）取1L除掉热凝固物的冷麦汁。

（2）在2℃保温2h。

（3）读取冷凝固物的体积。

（4）1mL沉淀物约相当于冷凝固物15mg/L（经验值）。

4．计算

$$冷凝固物含量（mg/L）=15V$$

式中　V——读取的冷凝固物的体积，mL。

所得结果表示至一位小数，其结果记录于表6－9中。

表 6－9　霍夫漏斗法测定麦汁冷凝固物含量记录表

项目	1	2	3	结果平均值
霍夫漏斗中冷凝固物的体积/mL				
冷凝固物含量/（mg/L）				

第六节　麦汁中含氮物质的测定

一、麦汁总氮的测定

麦汁的总氮含量反应了糖化生产过程中氮的溶解情况。麦汁中的总氮由高、中、低分子氮组成。过低的总氮，会使麦汁中的高、中、低分子氮缺乏，从而影响发酵过程、泡持性、口味的醇厚性；过高的总氮，会使啤酒的非生物稳定性差。

1．原理

参见第一章第六节大麦蛋白质的测定原理。

2．试剂

参见第一章第六节大麦蛋白质的测定。

3．仪器

参见第一章第六节大麦蛋白质的测定。

4．操作

（1）取20.00mL测定过浓度的糖化麦汁于定氮管中，做平行试验。

（2）加入约0.5mL浓H_2SO_4，在通风橱中，于煤气灯火焰上加热蒸发其中的水至浆糊状，或者于消化器上装上排气管小心蒸发其中的水。

（3）冷却后与大麦蛋白质测定同样消化、蒸馏和滴定，记录消耗盐酸标准溶液的体积。

（4）另用一定氮管取20.0mL水做空白试验。

5．计算

$$\text{麦汁总氮含量（mg/L）}=\frac{1000}{20}\times c\times(V_2-V_1)\times 14$$

式中 V_1——空白试验中消耗盐酸标准溶液的体积，mL

V_2——主试验中消耗盐酸标准溶液的体积，mL

c——盐酸标准溶液的浓度，mol/L

14——氮的摩尔质量，g/mol

测定结果记录于表6-10中。

表6-10 总氮测定记录表

项目	1	2	3	4	结果平均值
麦汁取样体积/mL					
HCl的浓度/（mol/L）					
空白试验消耗HCl标准溶液的体积/mL					
主试验消耗HCl标准溶液的体积/mL					
总氮/（mg/L）					

二、可凝固性氮的测定

麦汁的可凝固性氮是指麦汁经过加热煮沸凝固析出的含氮物质，它主要影响啤酒的非生物稳定性和泡沫。煮沸后麦汁的可凝固性氮一般为10~20mg/L。

方法一：常规测定法

1．原理

麦汁经加热煮沸后，其中一部分高分子含氮物质凝结析出，过滤后，将析出物用凯氏定氮法测其含氮量，即为可凝固性氮。

2. 试剂

凯氏定氮所用试剂。

3. 仪器

（1）饱和食盐水浴。

（2）回流冷凝装置。

（3）凯氏定氮的所有仪器。

（4）真空泵、布氏漏斗。

4. 操作

（1）取麦汁或麦芽细粉协定糖化麦汁样品 100.0mL，置于 500mL 磨口三角瓶中，接上回流冷凝管，将瓶浸入食盐水浴中直至瓶颈，加热煮沸 5h。

（2）然后取下三角瓶，使用快速漏斗，借助直径 12.5cm 的圆形滤纸过滤（若过滤缓慢，可以采用抽滤）。

（3）三角瓶每次用 20mL 热水洗涤，洗涤 3～5 次，将三角瓶中的沉淀物全部转移至滤纸上。

（4）滤纸每次用 20mL 热水洗涤沉淀物 3～5 次。

（5）将滤纸及沉淀物一起进行凯氏定氮。

（6）同时取三张滤纸做三份平行试验，测定其含氮量。

5. 计算

（1）麦汁可凝固性氮含量的计算

$$\text{可凝固性氮含量（mg/L 麦汁）} = (V_3 - V_2 - V_1) \times c \times 14 \times \frac{1000}{100}$$

麦汁浓度换算至 12°P：

$$\text{可凝固性氮含量（mg/L 麦汁）} = (V_3 - V_2 - V_1) \times c \times 14 \times \frac{1000}{100} \times \frac{12}{P}$$

式中 V_1——一张滤纸消耗盐酸标准溶液的体积，$V_1 = \frac{V - V_2}{3}$，mL

V——三张滤纸和试剂消耗盐酸标准溶液的体积，mL

V_2——试剂空白消耗盐酸标准溶液的体积，mL

V_3——样品测定消耗盐酸标准溶液的体积，mL

c——盐酸标准溶液的浓度，mol/L

P——麦汁的浸出物浓度，%

14——氮的摩尔质量，g/mol

（2）麦芽可凝固性氮含量的计算

$$\text{可凝固性氮含量（mg/100g 绝干麦芽）} = \frac{(V_3 - V_2 - V_1) \times c \times 14 \times E}{P \times \rho}$$

式中 V_1——一张滤纸消耗盐酸标准溶液的体积，$V_1=\frac{V-V_2}{3}$，mL

V——三张滤纸和试剂消耗盐酸标准溶液的体积，mL

V_2——试剂空白消耗盐酸标准溶液的体积，mL

V_3——样品测定消耗盐酸标准溶液的体积，mL

c——标准盐酸溶液的浓度，mol/L

E——麦芽绝干浸出率，%

P——协定麦汁的浸出物浓度，%

ρ——协定麦汁20℃的密度，g/cm^3

14——氮的摩尔质量，g/mol

计算结果表示至一位小数。

6. 注意事项

（1）食盐水浴的水分会随蒸发减少，应经常补充，同时注意保持含盐水的饱和状态。

（2）若加水过多，使食盐浓度不足，也应补充适量食盐。

方法二：快速法

1. 原理

连二亚硫酸钠（$Na_2S_2O_4$）是一种很强的还原剂，在麦汁煮沸时加入$Na_2S_2O_4$，有利于蛋白质分子中硫桥的断裂，能加速可凝固性氮的沉淀过程。

2. 试剂

（1）5% $Na_2S_2O_4$溶液　称取5.0g $Na_2S_2O_4$加95mL蒸馏水溶解，此溶液需在使用前新鲜配制。

（2）消泡剂。

（3）凯氏定氮试剂。

3. 仪器

（1）标准磨口三角瓶。

（2）标准加热器　500W，可调。

（3）凹形隔热砖　供烧瓶加热使用。

（4）漏斗。

（5）圆形滤纸　Φ12.5cm。

（6）折叠滤纸　Φ30～32cm。

（7）回流冷凝管。

（8）真空泵、布氏漏斗。

4. 操作

（1）麦汁用折叠滤纸过滤，若是啤酒需除去CO_2，除气过程不能损失泡沫。

（2）将200.0mL麦汁或啤酒注入500mL的磨口三角瓶中。

（3）若是麦汁样品加入 1.0mL 5% $Na_2S_2O_4$ 和 1 滴消泡剂，啤酒样品加入 4.0mL 5% $Na_2S_2O_4$ 和 1 滴消泡剂。

（4）将烧瓶放置于有凹形隔热砖的加热器上，并接上回流冷凝器，打开冷却水，打开加热器加热，回流煮沸 1h。

（5）然后取下烧瓶，使用布氏漏斗，借助直径 12.5cm 的圆形滤纸过滤（采用抽滤）。

（6）烧瓶每次用 20mL 热水洗涤 3～4 次，洗液倒在滤纸上。

（7）然后每次用 20mL 热水冲洗滤纸 3～4 次。

（8）将滤纸及沉淀物放入凯氏定氮管中，进行凯氏定氮。

（9）同时取三张滤纸做三份平行试验，测定其含氮量。

5. 计算

$$\text{麦汁可凝固性氮含量（mg/L）} = (V_3 - V_2 - V_1) \times c \times 14 \times \frac{1000}{200}$$

麦汁浓度换算至 12°P：

$$\text{麦汁可凝固性氮含量（mg/L）} = (V_3 - V_2 - V_1) \times c \times 14 \times \frac{1000}{200} \times \frac{12}{P}$$

式中 V_1——一张滤纸消耗盐酸标准溶液的体积，$V_1 = \frac{V - V_2}{3}$，mL

V——三张滤纸和试剂消耗盐酸标准溶液的体积，mL

V_2——试剂空白消耗盐酸标准溶液的体积，mL

V_3——样品测定消耗盐酸标准溶液的体积，mL

c——盐酸标准溶液的浓度，mol/L

P——麦汁的浸出物浓度，%

14——氮的摩尔质量，g/mol

所得结果表示至一位小数；以 12% 的麦汁浓度来表达。

其测定结果记录于表 6－11 中。

表 6－11 麦汁可凝固性氮含量测定记录表

项目	1	2	3	4	结果平均值
麦汁取样体积/mL					
一张滤纸消耗盐酸标准溶液的体积/mL					
三张滤纸和试剂消耗盐酸标准溶液的体积/mL					
试剂空白消耗 HCl 的体积/mL					
样品测定消耗 HCl 的体积/mL					
HCl 的浓度/（mol/L）					
麦汁的浓度/°P					
麦汁可凝固性氮含量/（mg/L）					

6. 注意事项

$Na_2S_2O_4$是强还原剂，在250℃时能自燃，加热或接触明火能燃烧，暴露在空气中会被氧化而变质，与水、酸或有机物、氧化剂接触，都可放出大量热而引起剧烈燃烧，并放出二氧化硫。

三、α－氨基氮的测定（茚三酮法）

麦汁中α－氨基氮是酵母的营养物质，一定量的α－氨基氮可保证发酵的顺利进行和较低的发酵副产物。加辅料的麦汁α－氨基氮含量低些，全麦芽的麦汁α－氨基氮的含量应高一些。

1. 原理

参见麦芽α－氨基氮含量测定。

2. 仪器

参见麦芽α－氨基氮含量测定。

3. 操作

参见麦芽α－氨基氮含量测定。

4. 计算

$$\alpha-\text{氨基氮含量（mg/L）}=\frac{A_{样}}{A_{标}}\times 2\times n$$

式中 $A_{样}$——样品溶液的吸光度

$A_{标}$——标准溶液的吸光度

n——稀释倍数

其测定结果记录于表6－12中。

表6－12 α－氨基氮测定记录表

项目	1	2	3	4	结果平均值
样品溶液的吸光度					
标准溶液的吸光度					
α－氨基氮含量/（mg/L）					

四、氮 区 分

麦汁中的含氮物质按相对分子质量的大小分为三类，即高分子、中分子和低分子含氮物质。高分子含氮物质影响啤酒的泡持性，中分子含氮物质是CO_2的载体，低分子含氮物质是酵母的营养物质。

方法一：$MgSO_4$法

1. 原理

在酸性条件下，硫酸镁可沉淀麦汁中的高分子含氮物质。磷钼酸可同时沉淀高分子、中分子含氮物质，低分子含氮物质则不被上述试剂所沉淀。因此，将麦汁用硫酸镁沉淀后，测定沉淀物的含氮量，即为高分子氮含量。将另一份麦汁用磷钼酸沉淀后，测定其滤液中的含氮量，即为低分子氮含量。用总氮含量减去高分子氮和低分子氮即可得到中分子氮的含量。

2. 试剂

(1) 硫酸镁溶液　将 350g $MgSO_4 \cdot 7H_2O$ 和 0.5mL 浓硫酸溶解于 500mL 水中，pH 应为 1.6。

(2) 硫酸溶液（2.5mol/L）　取 140mL 浓硫酸慢慢加到蒸馏水中，并稀释至 1000mL。

(3) 钼酸钠溶液　称取 50g $Na_2MoO_4 \cdot 2H_2O$，溶于水中，定容至 100mL。

(4) 50% 硫酸。

(5) 凯氏定氮所有试剂。

3. 仪器

(1) 恒温水浴　35℃。

(2) 圆形滤纸　Φ12.5cm。

(3) 布氏漏斗。

(4) 真空泵。

(5) 容量瓶　200mL。

(6) 恒温水浴　20℃。

(7) 漏斗。

(8) 凯氏定氮仪器。

4. 操作

(1) 麦汁总氮的测定

(2) 硫酸镁沉淀氮

① 于一 250mL 锥形瓶中加入 40g 硫酸镁，0.65mL 2.5mol/L H_2SO_4 溶液和 40.0mL 麦汁。

② 放入 35℃ 水浴中，保温 1h，每 10min 搅拌一次。

③ 倒入放有 Φ12.5cm 圆形滤纸的布氏漏斗中，小心用真空泵抽滤。

④ 锥形瓶每次用 10mL 热硫酸镁溶液冲洗，洗涤 3～5 次，将所有沉淀转移至滤纸上。

⑤ 滤纸用 10mL 热硫酸镁溶液洗涤 3～5 次，每次中间需等待滤纸被抽干。

⑥ 将滤纸和沉淀物一起放入凯氏定氮管中，进行凯氏定氮。

⑦ 同时取三张滤纸，测定其含氮量。

(3) 磷钼酸沉淀氮

① 取 100.00mL 麦汁于 200mL 容量瓶内，加入 65mL 水和 10.0mL 钼酸钠溶液摇匀，然后恒温至 20℃。

② 加入 10mL 50% 的硫酸，摇匀，在 20℃保温 15min。

③ 用水定容至 200mL。

④ 用滤纸过滤，若滤液不清，需再过滤一次。

⑤ 取 50.0 mL 滤液测定其氮含量。

⑥ 同样以水代替试样测定所有试剂包括钼酸钠中的含氮量。

5. 计算

（1）总氮含量计算

$$麦汁总氮含量（mg/L）=（V_2-V_1）\times c\times 14\times \frac{1000}{V_{麦汁}}\times \frac{12}{P}$$

式中 V_1——试剂空白消耗盐酸标准溶液的体积，mL

V_2——总氮测定的主试验消耗盐酸标准溶液的体积，mL

c——盐酸标准溶液的浓度，mol/L

$V_{麦汁}$——麦汁取样体积，mL

P——麦汁浓度，%

（2）硫酸镁沉淀高分子氮含量计算

$$MgSO_4 沉淀高分子氮含量（mg/L）=（V_3-V_1-V_4）\times c\times 14\times \frac{1000}{V_{样}}\times \frac{12}{P}$$

式中 V_3——硫酸镁沉淀主试验消耗盐酸标准溶液的体积，mL

V_1——试剂空白消耗盐酸标准溶液的体积，mL

V_4——每张滤纸消耗盐酸标准溶液的体积，$V_4=\frac{V_5-V_1}{3}$，mL

V_5——三张滤纸和试剂消耗盐酸的体积，mL

$V_{样}$——取样的体积，mL

c——盐酸标准溶液的浓度，mol/L

P——麦汁浓度，%

14——氮的摩尔质量，g/mol

（3）磷钼酸沉淀后低分子氮含量计算

$$滤液中低分子氮含量（mg/L）=（V_6-V_7）\times c\times 14\times 40\times \frac{12}{P}$$

式中 V_6——磷钼酸沉淀后滤液消耗盐酸标准溶液的体积，mL

V_7——磷钼酸沉淀试验所有试剂消耗盐酸标准溶液的体积，mL

c——盐酸标准溶液的浓度，mol/L

40——样品体积换算至 1000mL 的换算系数

结果取整数，以 12% 的麦汁浓度来表达。

（4）N 区分的计算

$$高分子氮含量=硫酸镁沉淀氮含量$$

中分子氮含量＝总氮含量－高分子氮含量－低分子氮含量

低分子氮含量＝磷钼酸沉淀后滤液氮含量

（5）3个区分中，含氮量在总氮中占的比例

$$\text{高分子氮百分含量（\%）}=\frac{\text{高分子氮含量}}{\text{总氮含量}}\times 100$$

$$\text{中分子氮百分含量（\%）}=\frac{\text{中分子氮含量}}{\text{总氮含量}}\times 100$$

$$\text{低分子氮百分含量（\%）}=\frac{\text{低分子氮含量}}{\text{总氮含量}}\times 100$$

其测定结果记录于表6－13中。

表6－13　$MgSO_4$法记录表

项　目		1	2	3	4	平均值
总氮	盐酸的浓度/（mol/L）					
	总氮消耗 $V_{HCl}=V_2$/mL					
	试剂空白消耗 $V_{HCl}=V_1$/mL					
	总氮（12°P麦汁）含量/（mg/L）					
$MgSO_4$沉淀高分子氮	$MgSO_4$沉淀高分子氮消耗 $V_{HCl}=V_3$					
	试剂空白消耗 $V_{HCl}=V_1$					
	三张滤纸＋试剂空白消耗 $V_{HCl}=V_5$					
	每张滤纸消耗 $V_{HCl}=V_4$					
	$MgSO_4$沉淀高分子氮含量（12°P麦汁）/（mg/L）					
磷钼酸沉淀后滤液中的氮	磷钼酸沉淀后滤液消耗 $V_{HCl}=V_6$					
	磷钼酸沉淀试验所有试剂消耗 $V_{HCl}=V_7$					
	低分子氮含量（12°P麦汁）/（mg/L）					
	中分子氮含量（12°P麦汁）/（mg/L）					
高分子氮百分含量/%						
低分子氮百分含量/%						
中分子氮百分含量/%						

方法二：隆丁区分法

1. 原理

高分子含氮物质在酸性溶液中易被单宁沉淀，磷钼酸可同时沉淀高分

子、中分子含氮物质，低分子含氮物质则不为上述两种试剂所沉淀。因此将麦汁用硫酸酸化后，加单宁使高分子含氮物质沉淀，测定滤液中的中分子、低分子的含氮量，从总氮含量中减去此值即得高分子氮的含量。另取一份试样用磷钼酸沉淀高分子、中分子含氮物质，测定过滤后滤液中低分子氮的含量。用单宁沉淀后的滤液的含氮量减去低分子氮的含量，即为中分子氮的含量。

2. 试剂

（1）测总氮的所有试剂。

（2）16% 单宁　称取 16g 单宁，溶于 100mL 水中。

（3）相对密度为 1.4 的硫酸溶液　取 100g 浓硫酸（约 54.34mL），在搅拌下缓慢加入 92mL 水中，冷却。

（4）50% 钼酸钠溶液　称取 50g $Na_2MoO_4 \cdot 2H_2O$，溶于水中，定容至 100mL。

3. 仪器

（1）总氮测定的仪器。

（2）恒温水浴　（20 ± 0.1）℃。

（3）容量瓶　200mL。

（4）漏斗。

（5）滤纸。

4. 操作

（1）麦汁总氮的测定

（2）单宁沉淀后滤液中氮的测定

① 取 100.00mL 麦汁于 200mL 容量瓶中。

② 加 80 ~ 85mL 水，加 4.0mL 相对密度为 1.4 的硫酸溶液，混匀。

③ 置容量瓶于 20℃ 水浴中保温 15 ~ 20min。

④ 加 10.0mL 单宁溶液，加水至刻度，摇匀。

⑤ 立即用折叠的滤纸过滤，滤液收集到一洁净、干燥的锥形瓶中。

⑥ 取滤液 50.00mL，按麦汁总氮的测定方法测定其含氮量。

（3）用磷钼酸沉淀后滤液中氮的测定

① 取 100.00mL 麦汁于 200mL 容量瓶中，加 65mL 水及 10.0mL 钼酸钠溶液，摇匀。

② 将容量瓶置于 20℃ 水浴中保温 15 ~ 20min。

③ 加入 10mL 相对密度为 1.4 的硫酸溶液，用蒸馏水调节至刻度，摇匀。

④ 立即用折叠的滤纸过滤，滤液收集到一洁净、干燥的锥形瓶中。

⑤ 取滤液 50.00mL，按麦汁总氮的测定方法测定其含氮量。

5. 计算

（1）总氮计算

$$麦汁总氮含量（N，mg/L）=（V_2-V_1）\times c\times 14\times \frac{1000}{V_{麦汁}}\times \frac{12}{P}$$

式中 V_1——试剂空白消耗盐酸标准溶液的体积，mL

V_2——总氮测定的主试验消耗盐酸标准溶液的体积，mL

c——盐酸标准溶液的浓度，mol/L

$V_{麦汁}$——麦汁取样体积，mL

P——麦汁浓度，%

14——氮的摩尔质量，g/mol

（2）单宁沉淀后中分子、低分子氮含量计算

$$中分子、低分子氮含量（T，mg/L）=（V_4-V_3）\times c\times 14\times 40\times \frac{12}{P}$$

式中 V_4——麦汁用单宁后滤液所消耗盐酸标准溶液的体积，mL

V_3——单宁沉淀试剂空白消耗盐酸标准溶液的体积，mL

c——盐酸标准溶液的浓度，mol/L

40——样品量换算至1000mL的换算系数

P——麦汁浓度，%

14——氮的摩尔质量，g/mol

（3）磷钼酸沉淀后低分子氮含量计算

$$低分子氮含量（M，mg/L）=（V_6-V_5）\times c\times 14\times 40\times \frac{12}{P}$$

式中 V_6——麦汁用磷钼酸沉淀后滤液所消耗盐酸标准溶液的体积，mL

V_5——磷钼酸沉淀试剂空白消耗盐酸标准溶液的体积，mL

c——盐酸标准溶液的浓度，mol/L

40——样品量换算至1000mL的换算系数

P——麦汁浓度，%

14——氮的摩尔质量，g/mol

（4）3个区分中氮含量分别为

$$高分子氮含量（mg/L）=N-T$$

$$中分子氮含量（mg/L）=T-M$$

$$低分子氮含量（mg/L）=M$$

（5）3个区分中，含氮量在总氮中占的比例

$$高分子氮百分含量（\%）=\frac{高分子氮含量}{总氮含量}\times 100\%$$

$$中分子氮百分含量（\%）=\frac{中分子氮含量}{总氮含量}\times 100\%$$

$$低分子氮百分含量（\%）=\frac{低分子氮含量}{总氮含量}\times 100\%$$

其测定结果记录于表 6－14 中。

表 6－14 隆丁区分法氮区分记录表

项目		1	2	3	4	结果平均值
总氮	盐酸的浓度/（mol/L）					
	总氮消耗 $V_{HCl}=V_2$/mL					
	试剂空白消耗 $V_{HCl}=V_1$/mL					
	总氮含量（12°P 麦汁）/（mg/L）					
单宁沉淀后滤液中的氮	用单宁后滤液所消耗 $V_{HCl}=V_4$/mL					
	单宁沉淀试剂空白消耗 $V_{HCl}=V_3$/mL					
	中分子、低分子氮含量（12° P 麦汁）/（mg/L）					
	高分子氮含量（12°P 麦汁）/mg/L					
磷钼酸沉淀后滤液中的氮	磷钼酸沉淀后滤液消耗 $V_{HCl}=V_6$/mL					
	磷钼酸沉淀试验所有试剂消耗 $V_{HCl}=V_5$/mL					
	低分子氮含量（12°P 麦汁）/（mg/L）					
	中分子氮含量（12°P 麦汁）/（mg/L）					
高分子氮百分含量/%						
低分子氮百分含量/%						
中分子氮百分含量/%						

6. 注意事项

（1）用单宁沉淀高分子含氮物质时，对温度的变化非常敏感，实验室的温度最好能保持近 20℃。若单宁沉淀后不能立即过滤，则在继续操作前，在 20℃放置 15min。当温度低于 20℃时，滤液可能重新变浑浊，甚至可以形成沉淀，该沉淀不必过滤，只需充分摇匀后，进行含氮量测定。

（2）在磷钼酸沉淀中，硫酸和钼酸钠（$Na_2MoO_4 \cdot 2H_2O$）作用生成钼酸，然后和试样中存在的磷酸盐作用生成磷钼酸。这样生成的磷钼酸作沉淀剂比加入磷钼酸溶液效果好，因此操作中一般不直接加入磷钼酸。

第七节　麦汁的碘值和最终发酵度

一、麦汁碘值的测定

麦汁碘值是反映淀粉分解是否完全的一个重要参数。麦汁碘值高会导致麦汁黏度大，过滤缓慢，麦汁澄清效果差，碘值高的麦汁进入发酵车间发酵时，因麦汁中有高分子糊精，容易感染微生物，尤其是四联球菌，最终影响啤酒保质期，同时也会导致发酵不完全，残糖含量高，影响啤酒的口味和风味。所以成品麦汁的碘值应小于0.25。

方法一：外观法

1. 原理

淀粉以及其分解产物（糊精）在酸性和中性条件下可与碘形成蓝色、紫色、红色的复合物，淀粉分子的链越长，颜色越深，当淀粉分解成低分子糖时（即糖化完全）则呈黄色，以此判断糖化是否完全。

2. 试剂

（1）碘液［$c(1/2I_2) = 0.02mol/L$］　称取1.27g碘和2.50g碘化钾，用少量的蒸馏水溶解后，稀释到500mL，摇匀，贮存于棕色瓶中。

（2）95%酒精。

3. 操作

（1）取5mL 20℃的麦汁，装入一支试管内。

（2）加入25mL 95%乙醇，并用力振荡。

（3）倾斜静置3min，小心倒掉上清液。

（4）在沉淀中加入10mL蒸馏水，使其溶解。

（5）滴入5滴碘液，摇匀。

（6）若没有蓝色或红色出现，则不断加入碘液直至20滴。

（7）同时于一支试管中取10mL水，加入同样多的碘液作为对照。

（8）判断　糖化不完全的麦汁还含有淀粉或高分子糊精，在加入碘液后，可以形成蓝色、蓝紫色、红色等颜色；当糖化完全时，呈黄色。

方法二：分光光度法

1. 原理

麦汁中的淀粉和其分解产物（糊精），在加入酒精后会沉淀析出，经离心分离后，沉淀物用磷酸盐缓冲溶液溶解后，加入碘溶液，由于其分子链的长度不同，而形成由蓝色到红色的复合物。分子链越长，颜色越深，用分光光度计测定其颜色强弱程度，从而判断淀粉的水解程度。

2. 试剂

（1）95% 酒精。

（2）碘标准溶液［c（$1/2I_2$）＝0.02mol/L］　称取1.27g碘和2.50g碘化钾，用少量的蒸馏水溶解后，稀释到500mL，摇匀，贮存于棕色瓶中。

（3）pH3.5的磷酸盐缓冲液（0.1mol/L）　将0.1mol/L KH_2PO_4用0.1mol/L磷酸溶液调整至pH为3.5。

3. 仪器

（1）离心机　2500r/min。

（2）离心管　带密封盖100～110mL。

（3）振荡器。

（4）移液管　2mL、10mL、20mL。

（5）加样器　0.5mL。

（6）分光光度计。

（7）比色皿　40mm。

（8）塑料搅拌棒。

（9）量筒　50mL。

4. 操作

（1）主试验

① 取10.0mL离心澄清的麦汁或除气后的啤酒，置于100mL离心管中。

② 加入40mL 95%酒精，机械振荡10min。

③ 以2500r/min的速度，离心5min。

④ 小心将上清液尽可能完全倒掉。

⑤ 于残留物中加入20.0mL磷酸盐缓冲液，然后机械振荡10min。

⑥ 以2500r/min离心5min。

⑦ 取2.00mL上清液和8.00mL磷酸盐缓冲液于40mm比色池中，用塑料搅拌棒混匀，在578nm下以磷酸盐缓冲液作参比测定其吸光度（E_Z）。

⑧ 用加样器加入0.50mL碘标准溶液于样品中，用塑料搅拌棒马上搅拌均匀，在578nm下测量30s后的最大吸光度（E_H）。

（2）碘液空白值

① 取10.0mL磷酸盐缓冲液和0.50mL碘液于40mm比色池中，混匀。

② 在578nm下用磷酸盐缓冲液作参比测量其吸光度（E_J）。

5. 计算

$$E=(E_H-E_J-0.952\times E_Z)\times 5$$

式中　0.952——体积换算系数

5——稀释倍数

用吸光度来表示碘值，取二位小数。

其测定结果记录于表6－15中。

表6－15　碘值测定记录表

项　目	1	2	3	4	平均值
样品吸光度 E_Z					
样品加碘液的吸光度 E_H					
空白加碘液的吸光度 E_J					
碘值					

6. 注意事项

（1）若样品的碘值大于0.8，则必须对样品进行稀释后再测定，结果乘以稀释倍数。

（2）当碘值为0.6～0.7时，可用肉眼看到颜色。

（3）样品测定时，其最大吸光度大约在加入碘液后30s左右，故操作要迅速。

二、麦汁最终发酵度的测定

最终发酵度指在最理想的发酵条件下，将麦汁接种酵母，使之发酵至终了，其浸出物的减少值占总浸出物含量的百分率。

方法一：锥形瓶发酵法

1. 仪器

参见第三章第四节麦芽最终发酵度的测定。

2. 操作

参见第三章第四节麦芽最终发酵度的测定。

3. 计算

参见第三章第四节麦芽最终发酵度的测定。

方法二：发酵管法

1. 仪器

参见第三章第四节麦芽最终发酵度的测定。

2. 操作

参见第三章第四节麦芽最终发酵度的测定。

3. 计算

参见第三章第四节麦芽最终发酵度的测定。

其测定结果见表6－16中。

表 6－16　最终发酵度测定记录表

项　　目	1	2	3	4	结果平均值
发酵前麦汁浓度 P_1/%					
发酵后浓度 P_2/%					
最终发酵度/%					

第八节　麦汁中酚类化合物及苦味质的测定

一、总多酚的测定

麦汁中多酚物质主要来源于麦皮和酒花。多酚物质容易被氧化，使麦汁颜色加深，苦味变粗糙，多酚物质含量高会影响啤酒的非生物稳定性。

1. 原理

在碱性溶液中多酚物质与 Fe^{3+} 生成红色化合物，其颜色随 pH 上升而加深，但在 pH10～12 范围内，颜色与 pH 无关，可用比色法在 600nm 下比色测定。

2. 试剂

（1）氨试剂　市售氨水溶液与水以 1∶2 体积比混合。

（2）1% 羧甲基纤维素（低黏度）溶液（含有 0.2% EDTA）　在搅拌下慢慢加入 10.00g 羧甲基纤维素（钠盐）和 2.00g EDTA（EDTA 二钠盐）于约 500mL 水中，搅拌到固形物溶解后，静置 1～3h，转入 1L 容量瓶中，稀释至刻度，溶液用离心机离心至澄清。每月需重新配制。

（3）3.5% 铁试剂　称取 3.5g 绿色柠檬酸铁铵 [$Fe(NH_4)_3(C_6H_5O_7)_2$]，加水溶解，并定容至 100mL。该溶液必须澄清，每周新鲜配制。

3. 仪器

（1）分光光度计　波长 600nm。

（2）离心机。

（3）常用的玻璃仪器。

4. 操作

（1）主试验

① 取 10.00mL 澄清（离心澄清）的麦汁或除气的啤酒（除气不能损失泡沫）于 25mL 容量瓶中。

② 加入 8.00mL 羧甲基纤维素溶液，混匀。

③ 加入 0.50mL 铁试剂，再混匀。

④ 加入 0.50mL 氨试剂，再次充分混匀。

⑤ 用水定容至刻度，摇匀，静置10min。

（2）空白试验

① 取10.00mL样品和8.00mL羧甲基纤维素溶液于另一25mL容量瓶中，混匀。

② 加入0.5mL氨试剂，混匀，用水定容，混匀，静置10min。

（3）比色　在600nm处，用10mm比色皿，以空白作参比，测定样品溶液的吸光度A。

5. 计算

$$总多酚含量（mg/L）=820A$$

结果取整数，测定结果记录于表6－17中。

表6－17　总多酚物质测定记录表

项　目	1	2	3	结果平均值
吸光度A				
总多酚/（mg/L）				

6. 注意事项

（1）必须严格按操作顺序添加试剂，每次添加试剂后要充分混匀，再加下一试剂。

（2）静置时间不宜太长。

（3）样品必须清亮，否则要再次离心至清亮，有时可以在测定前用等体积的水稀释，增加其透明度，其结果乘以稀释倍数。

二、苦味质的测定

1. 原理

麦汁或啤酒中苦味物质的主要成分是异α－酸。酸化后的麦汁或啤酒用异辛烷萃取异α－酸，在275nm波长下，测其吸光度，得到其相对含量。

2. 试剂

（1）盐酸　6mol/L。

（2）辛醇　光谱级。

（3）异辛烷　光谱级或相当于光谱级。在20mL异辛烷中加一滴辛醇，在10mm比色池中，在275nm波长处测定其吸光度应不高于0.005，接近重蒸馏水的吸光度，方可使用。

（4）重蒸馏水。

3. 仪器

（1）离心管　35mL，带有螺纹颈口。

（2）塑料盖　带特殊聚丙烯塞，以防止溶剂流出。

（3）电动振荡器　振幅20～30mm。

（4）离心机　转速3000r/min。

（5）紫外分光光度计　10mm石英比色皿。

4. 操作

（1）取10.00mL 20℃的麦汁或除气后的啤酒样品（啤酒除气时不能损失泡沫）于离心管内，浑浊样品必须通过离心澄清。

（2）加入0.5mL 6mol/L盐酸和20.00mL异辛烷。

（3）旋紧盖，并用振荡器振荡15min。

（4）以3000r/min离心10min，使其分层。

（5）取上层清液于10mm石英比色皿中，在波长275nm处，以异辛烷作参比，测量其吸光度A。

5. 计算

$$苦味值（BU）=A_{275}\times 50$$

式中　A_{275}——在275nm下试样的吸光度

50——换算系数。

结果表示至一位小数。

其测定结果记录于表6－18中。

表6－18　苦味值测定记录表

项　目	1	2	3	4	结果平均值
样品吸光度A_{275}					
苦味值/BU					

第九节　麦汁中其他理化分析

一、色度的测定

1. 原理

参见第三章第四节麦芽色度的测定。

2. 仪器

参见第三章第四节麦芽色度的测定。

3. 操作

参见第三章第四节麦芽色度的测定。

4. 计算

参见第三章第四节麦芽色度的测定。

二、浓度的测定

1. 原理

参见第三章第四节麦芽浸出物浓度的测定。

2. 仪器

参见第三章第四节麦芽浸出物浓度的测定。

3. 操作

参见第三章第四节麦芽浸出物浓度的测定。

4. 计算

参见第三章第四节麦芽浸出物浓度的测定。

三、麦汁黏度的测定

糖化麦汁的黏度越大，麦汁过滤速度越慢。麦汁黏度受糊精含量、β-葡聚糖分解程度等因素的影响，此外，还受头道麦汁浓度、温度等因素的影响。生产麦汁黏度大，不但会影响发酵后期啤酒的澄清效果，还会增加啤酒过滤的负荷。

1. 原理

参见第三章第四节麦芽黏度的测定。

2. 仪器

参见第三章第四节麦芽黏度的测定。

3. 操作

参见第三章第四节麦芽黏度的测定。

4. 计算

参见第三章第四节麦芽黏度的测定。

复习思考题

1. 麦汁固形物的测定方法有哪几种？为什么要检测麦汁的固形物含量？
2. 氮区分有哪两种方法？请简述其测定原理。
3. 写出麦汁 α-氨基氮的测定原理和注意事项。
4. 麦汁 α-氨基氮含量低了，在糖化和发酵时可以采取哪些补救措施？
5. 麦汁浓度的测定方法有哪些？
6. 简述相对密度瓶的使用方法和计算公式。
7. 麦汁碘值检测结果如下，请分析碘值的测定结果是否正常，并说明原因。

样品名称	碘值
头道麦汁	0.15
第一次洗糟麦汁混合后	0.47
第二次洗糟麦汁混合后	0.41
第三次洗糟麦汁混合后	0.25
满锅麦汁	0.30
打出麦汁	0.52

8. 啤酒厂生产过程中哪些控制点要测量麦汁碘值？为什么？

9. 你作为啤酒厂实验室管理负责人，准备开设麦汁分析的哪些检测项目？为什么？控制指标是多少？并写出取样的地点和取样频率。

10. 麦汁最终发酵度的测定有何意义？麦汁最终发酵度低了，对发酵和成品啤酒的质量有什么影响？在糖化和发酵时可以采取哪些补救措施？

11. 麦汁接种到发酵罐发酵了 3 天，麦汁组成成分会发生哪些变化？

12. 为什么要测定麦汁的总多酚？

第七章 麦糟分析

知识目标

1. 通过本章的学习掌握麦糟样品的采集和处理方法；
2. 掌握麦糟水含量的测定；
3. 掌握麦糟可洗出浸出物和总浸出物含量的测定。

技能目标

1. 通过本章的学习，能准确地进行麦糟的全分析；
2. 通过麦糟分析的结果评价糖化工作的正确性和经济性。

第一节 麦糟的质量要求

麦糟是啤酒厂的主要副产物，主要由麦皮和在糖化过程中未被溶解的胚乳物质组成。每投料 100kg 原料约产湿麦糟 100 ~ 130kg，麦糟量取决于麦芽浸出物的含量和利用率。过滤槽的湿麦糟一般含水 75% ~80%，故 100kg 麦芽产生 20 ~ 25kg 干麦糟。生产小麦啤酒时得到的麦糟量要少 10% ~15%。

人们希望麦糟中尽可能少的有效浸出物，否则意味着有相当大的浸出物损失，生产成本高。因此通过麦糟中的可分解浸出物、可洗出浸出物的含量来评价糖化车间工作的正确性和经济性。过滤槽麦糟的质量要求见表 7 - 1，供参考。

表 7-1　麦糟的质量要求

项目	正常值		测定结果与糖化生产的关系
	绝干糟	含 80% 水分的湿糟	
总浸出物	<8.0%	<1.6%	与糖化收得率有直接关系
可分解浸出物	<4.5%	<0.9%	反映糖化车间糖化工作的正确性及麦芽的粉碎情况等
可洗出浸出物	<3.5%	<0.7%	反映糖化车间洗糟工作的质量

注：表中的要求值必须是按本章的测定方法测定，不同的测定方法得到的结果不同。

第二节　麦糟的取样及样品处理

一、湿麦糟的取样

湿麦糟是不均匀体系，取样一定要有代表性。应在整个排糟过程中采用间歇式取样，每次的取样量相同，然后将所取得的样品混合均匀后，从中取出分析所需的样品。

二、干麦糟的取样

将混合均匀的湿麦糟在低于 60℃ 的温度下烘干或者晒干即得到干麦糟，混合均匀后从中取出分析所需的样品。

第三节　麦糟的理化分析

一、麦糟水含量的测定

（一）湿麦糟的水含量

1. 原理

将湿麦糟在 60℃ 干燥 2h 后，进行粉碎，在 105～107℃ 的恒温下，烘干至质量恒定，其水分挥发，通过质量的差值，计算其含水量。

2. 仪器

（1）称量瓶　直径 70～100mm，高 20～30mm。

（2）干燥箱　60℃ 和 105～107℃。

（3）干燥器　用变色硅胶作干燥剂。

（4）分析天平　感量 0.1mg。

（5）DLFU 盘式粉碎机。

3. 操作

(1) 在已知质量的称量瓶中称取10g湿糟（精确至0.0001g），在60℃时干燥2h，取出放入干燥器冷却20min后，称量，并计算其水含量的损失 W_1。

(2) 将干燥后的麦糟用DLFU盘式粉碎机选用0.2mm的磨间距进行细粉碎，用分析天平准确称量后，放入105～107℃的干燥箱中，干燥3h，于干燥器中冷却30min后称量，计算其水含量 W_2。

4. 计算

$$W = W_1 + W_2 - \frac{W_1 W_2}{100}$$

式中 W——100g湿麦糟的水分含量，g

W_1——100g湿麦糟在预干燥中失去的水质量，g

W_2——100g预干燥后样品中所含的水质量，g

所得结果表示至两位小数。

（二）干糟水含量的测定

1. 原理

参见第一章第六节大麦水含量的测定原理。

2. 仪器

参见第一章第六节大麦水含量的测定仪器。

3. 操作

参见第一章第六节大麦水含量的测定操作。

4. 计算

参见第一章第六节大麦水含量的计算

所得结果表示至两位小数。

（三）麦糟水含量测定记录

麦糟水含量测定记录见表7－2中。

表7－2 麦糟水含量测定记录表

记录内容			1	2	3	平均值	W/%
湿糟水含量	W_1	预干燥前称量瓶和麦糟的质量 m_1/g					
		称量瓶的质量 m_2/g					
		预干燥后称量瓶和麦糟的质量 m_3/g					
		结果					
	W_2	干燥前称量瓶和麦糟粉的质量 m_1/g					
		称量瓶的质量 m_2/g					
		干燥后称量瓶和麦糟粉的质量 m_3/g					
		结果					
干糟水含量	干燥前称量瓶和麦糟粉的质量 m_1/g						
	称量瓶的质量 m_2/g						
	干燥后称量瓶和麦糟粉的质量 m_3/g						
	结果						

二、麦糟可洗出浸出物的测定

麦糟可洗出浸出物是指麦糟经洗涤得到的浸出物，它反映糖化车间洗糟工作的质量。麦糟可洗出浸出物含量越高，糖化收得率就越低。

（一）湿麦糟可洗出浸出物的测定

1. 原理

湿麦糟在70℃保温洗涤1h，过滤，测定滤液浸出物的含量，计算得到湿麦糟中可洗出浸出物的含量。

2. 仪器

（1）带糖化杯的糖化仪。

（2）密度仪或其他浓度测量装置。

（3）天平　感量0.1g。

（4）漏斗、折叠滤纸。

（5）常用玻璃仪器。

3. 操作

（1）在洁净的已称量的糖化杯中称取100.0g湿麦糟。

（2）加入200mL70℃的水，将糖化杯置于70℃的糖化仪中，选择100r/min的搅拌速度，于70℃保温1h。

（3）迅速冷却至室温，加蒸馏水至杯内容物准确称量为300.0g。

（4）搅拌均匀后，用折叠滤纸过滤，将最初收集的滤液返回重滤。

（5）用密度仪或其他浓度测量装置测定滤液浸出物的浓度。

4. 计算

$$\text{湿麦糟可洗出浸出物含量(风干,\%)} = \frac{P(200+W)}{100-P}$$

$$\text{湿麦糟可洗出浸出物含量(绝干,\%)} = \frac{P(200+W)\times 100}{(100-P)(100-W)}$$

式中　P——滤液浸出物的含量，g

W——湿麦糟的水含量，g

所得结果表示至一位小数。

（二）干麦糟可洗出浸出物的测定

1. 原理

称取25.0g细粉碎的干麦糟在70℃保温洗涤1h，过滤，测定滤液的浸出物浓度，计算得到干麦糟中可洗出浸出物的含量。

2. 仪器

同湿麦糟可洗出浸出物的测定仪器。

3. 操作

(1) 取干麦糟样品用 DLFU 盘式粉碎机选用 0.2mm 的磨间距进行细粉碎。

(2) 在已称量的糖化杯中称取 25.0g 粉碎后的细粉干麦糟。

(3) 加入 250mL70℃的水，将糖化杯置于 70℃的糖化仪中，选择 100r/min 的搅拌速度，在 70℃保温 1h。

(4) 迅速冷却至室温，加蒸馏水至杯内容物准确称量为 300.0g。

(5) 搅拌均匀后，用折叠滤纸过滤，将最初收集的滤液返回重滤。

(6) 用密度仪或其他浓度测量装置测定滤液浸出物的含量。

4. 计算

$$\text{干麦糟可洗出浸出物含量(风干,\%)} = \frac{P(275 + 0.25 \times W)}{100 - P} \times 4$$

$$\text{干麦糟可洗出浸出物含量(绝干,\%)} = \frac{P(275 + 0.25 \times W) \times 4 \times 100}{(100 - P)(100 - W)}$$

式中 P——滤液浸出物的含量，g

W——干麦糟的水含量，g

所得结果表示至一位小数。以绝干计。

三、麦糟总浸出物含量的测定

麦糟总浸出物是指麦糟经洗涤和经酶分解得到的浸出物的总量。麦糟中的总浸出物与糖化收得率有直接关系，一般情况下糖化收得率低，麦糟中的总浸出物高。

1. 原理

干麦糟经过糊化后，加酶分解其在糖化过程中未被溶解的胚乳物质，经过滤后，测定滤液浸出物的含量，计算得到干麦糟中总浸出物含量。

2. 试剂

(1) 耐高温淀粉酶 Temany60L。

(2) 蛋白酶 SAN200L 低温下可保存一年。

(3) 氯化钙溶液 22.0g 氯化钙（$CaCl_2 \cdot 2H_2O$）溶解于 1000mL 水中。

3. 仪器

同干麦糟可洗出浸出物含量的测定仪器。

4. 操作

(1) 主试验

① 取干麦糟样品用 DLFU 盘式粉碎机选用 0.2mm 的磨间距进行细粉碎。

② 于已称量的糖化杯中称取 25.0g 粉碎后的干麦糟，加入 350mL 水。

③ 加入 0.2mL 耐高温淀粉酶和 10mL 氯化钙溶液，搅拌均匀。

④ 在电炉或煤气炉上，搅拌下，在 15 ~ 20min 内加热至沸腾。

⑤ 微火煮沸 15min。

⑥ 冷却至 45℃。

⑦ 再加入 0.2mL 耐高温淀粉酶和 0.4mL 蛋白酶溶液，搅拌均匀。

⑧ 按麦芽的协定糖化法进行完整的协定糖化过程，注意在 70℃ 不加水。

⑨ 快速冷却至室温后，加蒸馏水至杯内容物准确称量为 400.0g，搅拌均匀，用折叠滤纸过滤，将最初收集的滤液返回重滤。

⑩ 用密度仪或其他浓度测量装置测定滤液浸出物的含量（P）。

（2）空白试验

① 于一已称量的 500mL 烧杯中，加入 0.4mL 耐高温淀粉酶、0.4mL 蛋白酶溶液以及 10mL 氯化钙溶液，加蒸馏水至杯内容物准确称量为 400.0g，搅拌均匀。

② 用密度仪或其他浓度测量装置测定滤液浸出物的含量（P_1），结果作为空白值以校正计算结果。

5. 计算

$$\text{总浸出物含量(风干,\%)} = \left[\frac{P(375 + 0.25 \times W - 4P_1)}{100 - P} - 4P_1\right] \times 4$$

$$\text{总浸出物含量(绝干,\%)} = \left[\frac{P(375 + 0.25 \times W - 4P_1)}{100 - P} - 4P_1\right] \times 4 \times \frac{100}{100 - W}$$

式中 P——主试验滤液的浸出物含量，g

P_1——空白试验溶液的浸出物含量，g

W——干麦糟的水含量，g

所得结果表示至一位小数。以绝干计。

四、可分解浸出物含量的计算

麦糟中除了可洗出浸出物外，还有在糖化过程中未被溶解的浸出物即可分解浸出物。可分解浸出物含量经过酶分解而得到，它反映糖化车间糖化工作的质量及麦芽的粉碎情况。

$$\text{可分解浸出物含量/\%} = \text{总浸出物含量} - \text{可洗出浸出物含量}$$

所得结果表示至一位小数。以绝干计。

五、测 定 记 录

测定结果记录于表 7 – 3 中。

表 7－3　麦糟浸出物测定记录表

测定项目	记录内容	结果			
		1	2	3	平均值
湿糟可洗出浸出物	糖化杯号				
	杯的质量/g				
	杯＋100g 湿麦糟的总质量/g				
	杯＋300g 内容物的总质量/g				
	滤液浓度				
干糟可洗出浸出物	糖化杯号				
	杯的质量/g				
	杯＋25g 干麦糟的总质量/g				
	杯＋300g 内容物的总质量/g				
	滤液浓度				
干糟总洗出浸出物	糖化杯号				
	杯的质量/g				
	杯＋25g 干麦糟的总质量/g				
	杯＋400g 内容物的总质量/g				
	滤液浓度（P）				
	空白试验（P_1）				
干糟可分解浸出物的计算					

复习思考题

1. 如何采集湿麦糟样品？怎样得到干麦糟？
2. 为什么要进行麦糟分析？
3. 哪些原因会导致麦糟中可洗出浸出物含量高？
4. 哪些原因会导致麦糟中可分解浸出物含量高？

第八章 发酵液和成品啤酒分析

知识目标

1. 通过本章的学习掌握发酵液和啤酒的取样方法；
2. 了解发酵液和啤酒的分析检测项目；
3. 掌握发酵液和啤酒分析检测项目中的必检项目。

技能目标

1. 通过发酵液和啤酒的分析试验，能正确地进行发酵液和啤酒的常规分析；

2. 通过本章的学习能够理解啤酒理化检测指标与啤酒质量的关系。

第一节 啤酒的质量标准

一、啤酒的感官要求

淡色啤酒和深色啤酒的感官要求应符合 GB 4927—2008《啤酒》的要求，见表 8－1、表 8－2。

表 8－1 淡色啤酒感官要求

项目		优级	一级
外观①	透明度	清亮，允许有肉眼可见的微细悬浮物和沉淀物（非外来异物）	
	浊度/EBC ≤	0.9	1.2

续表

项目			优级	一级
泡沫	形态		泡沫洁白细腻，持久挂杯	泡沫较洁白细腻，较持久挂杯
	泡持性②/s ≥	瓶装	180	130
		听装	150	110
香气和口味			有明显的酒花香气，口味纯正，爽口，酒体协调，柔和，无异香、异味	有较明显的酒花香气，口味纯正，较爽口，协调，无异香、异味

注：① 对非瓶装的“鲜啤酒”无要求。

② 对桶装（鲜、生、熟）啤酒无要求。

表 8－2　浓色啤酒、黑色啤酒感官要求（GB 4927）

项目			优级	一级
外观①			酒体有光泽，允许有肉眼可见的微细悬浮物和沉淀物（非外来异物）	
泡沫	形态		泡沫细腻挂杯	泡沫较细腻挂杯
	泡持性②/s ≥	瓶装	180	130
		听装	150	110
香气和口味			具有明显的麦芽香气，口味纯正，爽口，酒体醇厚，杀口，柔和，无异味	有较明显的麦芽香气，口味纯正，较爽口，杀口，无异味

注：① 对非瓶装的“鲜啤酒”无要求。

② 对桶装（鲜、生、熟）啤酒无要求。

二、啤酒的理化要求

1. 淡色啤酒理化要求

淡色啤酒理化要求应符合 GB 4927—2008《啤酒》的要求，见表 8－3。

表 8－3　淡色啤酒的理化要求

项　目		级　别	
		优　级	一　级
酒精度①/%（体积分数） ≥	大于等于 14.1 °P	5.2	
	12.1～14.0 °P	4.5	
	11.1～12.0 °P	4.1	
	10.1～11.0 °P	3.7	
	8.1～10.0 °P	3.3	
	小于等于 8.0 °P	2.5	

续表

项目		级别	
		优级	一级
原麦汁浓度②/°P		×	
总酸/（mL/100mL）≤	大于等于 14.1°P	3.0	
	10.1～14.0°P	2.6	
	小于 10.0°P	2.2	
二氧化碳③/%（质量分数）		0.35～0.65	
双乙酰/（mg/L）≤		0.10	0.15
蔗糖转化酶活性④	呈阳性		

注：① 不包括低醇啤酒、无醇啤酒。

② “×”为标签上标注的原麦汁浓度，≥10.0°P 允许的负偏差为“-0.3”；<10.0°P 允许的负偏差为“-0.2”。

③ 桶装（鲜、生、熟）啤酒二氧化碳不得小于 0.25%（质量分数）。

④ 仅对“生啤酒”和“鲜啤酒”有要求。

2. 浓色啤酒、黑色啤酒理化要求

浓色啤酒、黑色啤酒理化要求应符合 GB 4927—2008《啤酒》的要求，见表 8-4。

表 8-4 浓色啤酒、黑色啤酒理化要求

项目		级别	
		优级	一级
酒精度①/%（体积分数）≥	大于等于 14.1 °P	5.2	
	12.1～14.0 °P	4.5	
	11.1～12.0 °P	4.1	
	10.1～11.0 °P	3.7	
	8.1～10.0 °P	3.3	
	小于等于 8.0 °P	2.5	
原麦汁浓度②/°P		×	
总酸/（mL/100mL）≤		4.0	
二氧化碳③/%（质量分数）		0.35～0.65	
蔗糖转化酶活性④	呈阳性		

注：① 不包括低醇啤酒、脱醇啤酒。

② “×”为标签上标注的原麦汁浓度，≥10.0°P 允许的负偏差为“-0.3”；≤10.0°P 允许的负偏差为“-0.2”。

③ 桶装（鲜、生、熟）啤酒二氧化碳不得小于 0.25%（质量分数）。

④ 仅对“生啤酒”和“鲜啤酒”有要求。

第二节 样品的采集和处理

一、发酵液的取样及样品处理

从发酵罐取样阀采取：打开取样阀，放出少量发酵液，弃去，然后用清洁干燥的1000mL容器（如具塞锥形瓶）接取500~700mL发酵液作样品。

发酵液样品必须马上按照所需检测项目要求进行处理和分析，否则在放置过程中由于继续发生变化，测定数据就不准确了。

二、成品啤酒的取样和啤酒样品的处理

1. 成品啤酒的取样

按表8-5抽取样本。桶装啤酒应使用灭菌的器具，在无菌条件下从各样本中采样、封装；（瓶、听）箱装啤酒先按表8-5规定抽取样本，再随机从各样本中抽取单位样品件数。当样品总量不足4.0L时，应适当加取。

表8-5 成品啤酒的取样件数参考

样品批量范围/箱、桶	样本数/桶、箱	单位样品件数/（瓶、听/箱）
50以下	3	3
50~1200	5	2
1201~35000	8	1
大于35000	13	1

所取样品应标明以下信息：样品名称、品种规格、数量、制造者、采样时间、采样地点、采样人。

将其中三分之一样品封存，于5~25℃保留10d备查。其余样品立即送化验室，进行感官、理化和卫生指标的检测。

2. 啤酒的除气

（1）方法一 摇瓶法。

① 将恒温至15~20℃的酒样约300mL倒入1L三角瓶中，盖上橡胶塞。

② 在恒温室内，轻轻摇动，开塞放气，盖塞，再摇动。

③ 反复操作，直到感觉无气体逸出为止，用单层中速干滤纸过滤（漏斗上面盖上表面皿）。

（2）方法二 采用超声波或磁力搅拌法除气。

① 将恒温至15~20℃的酒样约300mL移入带排气塞的瓶中。

② 置于超声波水槽中或磁力搅拌器上，一定时间后，用单层中速干滤纸过滤（漏斗上面盖上表面皿）。

（3）注意事项

① 对于有些不能损失泡沫的分析项目，可采用方法二除气后不用过滤。

② 除气后的酒样收集于具塞锥形瓶中，温度保持在20℃以下，密封保存，限制在2h内使用。

③ 如除气后酒样不立即使用，放置一定时间再使用，建议使用前将酒样瓶翻转摇动几次。

④ 采用超声波或磁力搅拌法除气时，要通过与摇瓶法对比，使其酒精度测定结果相似，以确定超声或磁力搅拌的时间。

第三节　啤酒的感官评价和净含量的测定

一、啤酒的感官评价

1．酒样的准备

根据需要将酒样密码编号，并恒温至12～15℃，以同样的高度（距杯口3cm）和注流速度对号注入洁净、干燥的啤酒评酒杯中。

2．外观

（1）透明度　将注入酒杯的酒样（或将瓶装啤酒样）置于明亮处观察，记录酒的透明度、悬浮物及沉淀物情况。

（2）泡沫形态　用眼睛观察泡沫的颜色、细腻程度及挂杯情况，做好记录。

3．香气和口味

（1）香气　先将注入酒样的评酒杯置于鼻孔下方，嗅其香气，摇动酒杯后，再嗅闻有无酒花香气及异杂气味，做好记录。

（2）口味　饮入适量酒样，根据所评定的酒样应具备的口感特征进行评定，做好记录。

4．评判

根据外观、泡沫、香气和口味特征，写出评语。依据GB 4927—2008《啤酒》中的感官要求进行综合评定。

二、净含量的测定

（一）质量法

1．仪器

（1）电子天平 感量0.01g。

（2）台秤。

（3）恒温水浴。

2. 操作（瓶装、听装啤酒）

（1）将样品置于（20±0.5）℃水浴中恒温30min。

（2）取出样品，擦干瓶（听）外壁的水。

（3）用电子天平称量整瓶（听）酒质量（m_1）。

（4）开启瓶盖（或听拉盖），将酒液倒出，用自来水清洗，至瓶（听）内无泡沫，控干。

（5）称量“空瓶+瓶盖”或“空听+拉盖”的质量（m_2）。

（6）用密度瓶或密度仪测量酒样密度（20℃/20℃）。

3. 计算

（1）酒液的密度按下式计算

$$\rho = 0.9970 \times d_{20}^{20} + 0.0012$$

式中 ρ——酒液密度，g/mL

0.9970——在20℃时蒸馏水与干燥空气密度值之差，g/mL

d_{20}^{20}——在20℃时酒液与重蒸水的相对密度

0.0012——干燥空气在20℃，101.325kPa时的密度，g/mL

（2）试样的净含量按下式计算

$$X = \frac{m_1 - m_2}{\rho}$$

式中 X——试样的净含量（净容量），mL

m_1——整瓶（听）酒的质量，g

m_2——“空瓶+瓶盖”（或“空听+拉盖”）的质量，g

ρ——酒液的密度，g/mL

（二）容量法

（1）将酒样置于（20±0.5）℃水浴中恒温30min。

（2）取出样品，擦干瓶外壁的水，用记号笔对准酒液面划一条细线。

（3）将酒液倒出，用自来水冲洗至瓶内无泡沫，擦干外壁的水，准确装入水至瓶划线处。

（4）将水倒入量筒，测量水的体积，即为瓶装啤酒的净含量（或净容量，以“mL”或“L”表示）。

（三）啤酒净含量要求

瓶装啤酒20℃时，其净含量（净容量）与标签上标注的体积之负偏差：

<500mL/瓶 不得超过8mL；

≥500mL/瓶 不得超过10mL。

（四）啤酒净含量测定记录

啤酒净含量见表8－6中。

表8－6　啤酒净含量测定记录表（容量法）

项目	样1	样2	样3
标注容量			
实测容量			
评判			
实验日期			

第四节　啤酒的理化分析

一、啤酒外观浓度的测定

方法一：除气后的啤酒用密度瓶测相对密度，查附录十而得到外观浓度。

操作：同第三章第四节麦芽浸出物浓度的测定。

方法二：用密度仪测定啤酒的20℃密度，查附录十得到外观浓度，或直接从密度仪上读取外观浓度。

操作：按照密度仪的操作程序进行操作。

方法三：用全自动啤酒分析仪，直接读出外观浓度。

二、酒精含量的测定

（一）密度瓶法（蒸馏法）

1. 原理

将一定量的样品进行蒸馏，蒸出其酒精成分，测定蒸馏液某一温度的相对密度（d），然后查附录十得出试样中酒精含量，即酒精度，以体积分数（%）或质量分数（%）表示。

2. 操作

（1）容量法

① 用100mL容量瓶准确量取已除气酒样100mL，转移至专用的蒸馏标准磨口三角瓶中。

② 用50mL水分三次冲洗容量瓶，洗液并入标准磨口三角瓶中，加玻璃珠数粒，将标准磨口三角瓶仔细套在蒸馏装置的磨口塞上，用升降台将加热电炉升起至电炉刚好抵住三角瓶底部。

③ 用原取样的100mL容量瓶接收馏出液（外加冰浴）。

④ 开冷却水，打开电炉电源开关，缓缓加热蒸馏（冷凝管出口水温不得超过20℃），收集约96mL馏出液（蒸馏应在30～60min内完成）。蒸馏时注意观察三角瓶内残留液的体积，因为在冷凝管中有时会存留液体没有流入接收容量瓶中，以免馏出液体积大于100mL。

⑤ 取下接收容量瓶，调节液温至20℃，补加水定容，混匀，备用。

⑥ 关掉电炉电源，将升降台稍降一点（小于1cm），用敲击棒轻轻敲击三角瓶口，三角瓶会自己落下，再将电炉降低，带上帆布手套将瓶拿下（注意：小心烫伤），等冷却后再冲洗干净（马上用冷水洗涤时磨口易破）。

⑦ 将密度瓶用铬酸洗液泡洗（包括温度计、小帽），再用自来水、蒸馏水冲洗，然后用无水乙醇、乙醚顺次洗涤数次，吹干，在分析天平上准确称量。

⑧ 将煮沸后冷却至约15℃的蒸馏水注满密度瓶，插入温度计（瓶中应无气泡），立即浸入（20±0.1)℃的水浴中，至密度瓶温度达20℃，并至少保持5min不变后取出。

⑨ 用滤纸吸去侧管上溢出的水，立即盖好小帽，放置，待与室温一致时擦干外壁，准确称量。

⑩ 将水倒去，用试样馏出液冲洗密度瓶至少三次，然后装满，按测量水的操作步骤同样操作。

试样馏出液（20℃）的相对密度按下式计算：

$$d_{20}^{20} = \frac{m_2 - m_1}{m_1 - m}$$

式中 d_{20}^{20}——麦汁20℃时的相对密度

m——干净、干燥的空密度瓶的质量，g

m_1——密度瓶和水的质量，g

m_2——密度瓶和样品的质量，g

根据计算的相对密度，查附录十得到试样馏出液的酒精度（体积分数,%），即为试样的酒精度。

（2）质量法

① 取500mL专用的蒸馏用标准磨口三角瓶，洗净、干燥，向瓶内加几粒干净、干燥的玻璃珠（或小瓷管），将三角瓶放在电子天平上称量，精确至0.1g。

② 向标准磨口三角瓶内加入除气试样100.0g，精确至0.1g，加50mL水。

③ 将标准磨口三角瓶仔细套在蒸馏装置的磨口塞上，用升降台将电炉升起至电炉刚好抵住三角瓶底部。

④ 取100mL干净、干燥的容量瓶，在天平上称量，记下其质量后用该容量瓶接收馏出液（外加冰浴）。

⑤ 开冷却水，打开电炉电源开关，缓缓加热蒸馏，收集约95mL馏出液。蒸

馏应在30~60min内完成，蒸馏时应仔细调节好电炉火力，瓶内样品一定不能烧糊，否则影响真实浓度的测定；蒸馏时注意观察三角瓶内残留液的体积，因为在冷凝管中有时会存留液体没有流入接收容量瓶中，以免馏出液体积大于100mL。

⑥ 取下容量瓶，擦干外壁，将其放在天平上，向容量瓶内补加蒸馏水，使容量瓶内馏出液质量为100.0g（此时总质量为100.0g+容量瓶质量），混匀。

⑦ 关掉电炉电源，将升降台稍降一点（小于1cm），用敲击棒轻轻敲击三角瓶口，使三角瓶落下，再将电炉降低，带上帆布手套将瓶拿下（注意：小心烫伤），瓶内蒸馏残液用于真实浓度的测量。

⑧ 测定容量瓶内馏出液的相对密度（测量和计算方法与容量法相同）。

⑨ 根据相对密度 d_{20}^{20} 查附录十得到试样馏出液的酒精度（质量分数,%），即为试样的酒精度。

所得结果表示至两位小数。

同一试样两次测定值之差不得超过算术平均值的0.1%。

说明：如果有密度仪，用密度仪直接测量即可。

（3）酒精体积分数与质量分数的换算

$$体积分数 = 质量分数 \times \rho/0.789$$

式中 ρ——啤酒的密度

0.789——纯酒精的密度

（二）仪器法

通过啤酒分析仪可以得到酒精含量。

三、真正浓度的测定

真正浓度是指啤酒除气、除去酒精后测量的浓度。

1. 方法一

（1）将用质量法测量酒精时蒸馏完毕后的蒸馏烧瓶内残液冷却至20℃。

（2）准确补水至烧瓶内容物为100.0g，精确至0.1g。

（3）摇匀，用密度瓶或密度仪测量密度。

（4）查附录十得到浓度。

2. 方法二

（1）用已知质量的蒸发皿称取100.0g除气酒样，精确至0.1g。

（2）于沸水浴上蒸发，直到原体积的三分之一。

（3）取下冷却至20℃，加水恢复至原质量，混匀。

（4）用密度瓶或密度仪测量其密度。

（5）查附录十得到浓度。

其测定结果记录于表8-7中。

表 8－7　蒸馏法啤酒分析记录表

项目	1组	2组	3组	4组
密度瓶质量/g				
密度瓶＋水的总质量/g				
密度瓶＋馏出液的总质量/g				
密度瓶＋蒸馏残液的总质量/g				
馏出液的相对密度				
蒸馏残液的相对密度				
馏出液的浓度（酒精含量）/%				
蒸馏残液的浓度（真正浓度）/%				
原麦汁浓度（测定值）/%				
真正发酵度/%				
原麦汁浓度（商标）				
样品名称				
实验日期				

四、原麦汁浓度的计算

原麦汁浓度理论上相当于该啤酒发酵前的麦汁浓度。

当酒样的酒精含量和真实浓度测出后，可根据巴林公式计算原麦汁浓度。

根据巴林（Balling）的研究，在完全发酵时，麦汁浸出物的数量与其发酵生成的酒精和二氧化碳的数量有下列关系：

$$\text{浸出物} \longrightarrow \text{酒精} + CO_2 + \text{酵母}$$

$$2.0665\text{g} \qquad 1.000\text{g} \qquad \underbrace{0.9565\text{g} \qquad 0.11\text{g}}_{1.0665\text{g}}$$

原麦汁中总浸出物的含量＝已发酵的浸出物含量＋未发酵的浸出物含量

已发酵的浸出物含量＝2.0665×A

未发酵的浸出物含量＝真正浓度

若已知啤酒中酒精含量为 A（%），真正浓度（未发酵的浸出物）含量为 n（%），则100g 啤酒在发酵前麦汁中含有浸出物为：($A \times 2.0665 + n$) g。

但要生成 Ag 的酒精，必须有 $A \times 1.0665$g 二氧化碳和酵母生成，在测定酒精含量时，已从啤酒中除去，此两项也是由麦汁中物质转换而成，也是麦汁总量的组成部分，故生成100.0g 啤酒的原麦汁总量为（$100 + 1.0665A$）g。

$$P = \frac{(A \times 2.0665 + n) \times 100}{100 + A \times 1.0665}$$

式中　P——原麦汁浓度,%（质量分数）

n——啤酒的真正浓度,%

A——啤酒的酒精含量,%（质量分数）

五、真正发酵度的计算

计算方法一

$$RDF = \frac{(Y - Z)}{Y} \times \frac{1}{1 - 0.005161Z} \times 100$$

式中　RDF——试样的真正发酵度,%

Y——试样的原麦汁浓度,°P（%，质量分数）

Z——试样的真正浓度,°P（%，质量分数）

0.005161——常数，用于校正由于发酵中二氧化碳挥发和酵母吸收而造成的质量损失

计算方法二

$$RDF = \frac{2.0665A}{2.0665A + E} \times 100\%$$

式中　RDF——试样的真正发酵度,%

A——试样的酒精度,%（质量分数）

E——试样的真正浓度,°P（%，质量分数）

计算方法三

$$外观发酵度(\%) = \frac{P - m}{P} \times 100$$

$$实际发酵度(\%) = \frac{P - n}{P} \times 100$$

式中　P——啤酒的原麦汁浓度,%（质量分数）

m——啤酒的外观浓度,%（质量分数）

n——啤酒的真正浓度,%（质量分数）

六、色度的测定

同第三章第四节麦芽色度的测定。

七、pH和总酸的测定

1. 原理

利用氢氧化钠标准溶液，直接滴定啤酒中的酸性物质，滴定终点为pH8.2，用pH计指示终点，根据消耗氢氧化钠标准溶液的体积计算啤酒中总酸的含量。

2. 试剂

（1）0.1mol/L氢氧化钠标准溶液。

（2）标准缓冲溶液（pH6.68、9.22）。

3. 仪器

（1）自动电位滴定仪或酸度计。

（2）电磁搅拌器。

（3）恒温水浴　（40±0.5）℃。

（4）碱式滴定管。

（5）移液管。

4. 操作

（1）打开酸度计电源，预热备用。

（2）啤酒样品除气。

（3）取除气后的酒样约100mL于250mL三角瓶中，置于40℃恒温水浴中保温30min，并不时振摇，以除去残余的二氧化碳，取出冷却至室温。

（4）用标准缓冲液校正和检验仪器。

（5）取50.00mL处理好的酒样于小烧杯中，插入电极，开动磁力搅拌器（转速不要太快）。

（6）记录样品的pH。

（7）用0.1mol/L氢氧化钠标准溶液滴定至pH8.2为终点。

（8）记录消耗氢氧化钠标准溶液的体积。

5. 计算

$$X = 2cV$$

式中　X——试样的总酸，即100mL试样消耗1mol/L氢氧化钠标准溶液的体积，mL/100mL

c——氢氧化钠标准溶液的浓度，mol/L

V——消耗氢氧化钠标准溶液的体积，mL

2——换算成100mL试样的系数

所得结果应表示至两位小数。

平行测定值之差应小于0.1%。

其测定结果记录于表8-8中。

表8-8　啤酒pH及总酸测定记录表

项目	1组	2组	3组	4组	5组	6组	7组	8组
pH								
NaOH浓度/（mol/L）								
消耗NaOH体积/mL								
总酸/（mL/100mL）								
样品名称								
实验日期								

八、二氧化碳的测定

（一）基准法（GB/T 4928—2008《啤酒分析方法》第一法）

1. 原理

在0~5℃下用碱液固定啤酒中的二氧化碳，用稀酸释放后，再用已知量的氢氧化钡吸收，过量的氢氧化钡再用盐酸标准溶液滴定。根据消耗盐酸标准溶液的体积，计算出试样中的二氧化碳含量。

2. 试剂

（1）无二氧化碳蒸馏水　将蒸馏水加热煮沸约15min，加盖冷却至室温。

（2）碳酸钠　标准物质GBW（E）060023。

（3）氢氧化钠溶液（300g/L）　称取分析纯氢氧化钠300g置于1000mL烧杯中，加无二氧化碳蒸馏水溶解并定容至1L，静置，上层清液贮于聚乙烯塑料瓶中，加盖密封保存。

（4）酚酞指示剂（1g/L）　称取1g酚酞，用95%乙醇溶解并定容至100mL。

（5）盐酸标准溶液［c（HCl）=0.1mol/L］　按GB/T601配制与标定。

（6）硫酸溶液（1:9）　量取1份体积的浓硫酸，在搅拌下缓缓加入9份体积的无二氧化碳蒸馏水中，冷却至室温。

（7）消泡剂。

（8）氢氧化钡溶液［c（$Ba(OH)_2$）=0.055mol/L］

配制：称取氢氧化钡19.2g，加无二氧化碳的蒸馏水600~700mL，搅拌至溶解，静置24h。加入氯化钡29.2g，搅拌30min，定容至1000mL，静置沉淀后，过滤于一个密闭的容器中，贮存备用。

标定：吸取上述溶液25.00mL于150mL锥形瓶中，加2滴酚酞指示剂，用盐酸标准溶液滴定至无色，记录消耗的盐酸标准溶液的体积记为V_1（该值应在27.5~29.5mL，若超出30mL，应重新调整氢氧化钡溶液的浓度）。在密封良好的情况下贮存，盐酸标准溶液浓度不变，V_1值可连续用7天。

3. 仪器

（1）二氧化碳测定仪。

（2）移液管。

（3）酸式滴定管。

4. 操作

（1）仪器的校正　用碳酸钠作标准物质，按仪器说明书的要求，每季度校正一次。如在测定过程中发现异常也应及时校正仪器。

（2）样品处理　将待测啤酒样品冷却至0~5℃，迅速加入一定量的300g/L氢氧化钠溶液（640mL加10mL；335mL加5mL；2L加25mL）和2~3滴消泡剂，立即用橡皮塞塞紧，摇匀，备用。听装酒可在底部打孔，按瓶装酒同样操作。

(3) 测定

① 二氧化碳的分离与收集：吸取处理好的试样 10.00mL 于二氧化碳测定仪反应瓶中，在收集瓶中加入 25.00mL 氢氧化钡溶液，将收集瓶与仪器的分气管接通。通过反应瓶上的分液漏斗向其中加入 10mL（1∶9）硫酸溶液，关闭漏斗活塞，迅速接通两瓶间的连接管，设定分离与收集时间 10min，按下泵开关，仪器开始工作，直至自动停止。

② 滴定：用少量水冲洗收集瓶的分气管，取下收集瓶，加入 2 滴酚酞指示液，用盐酸标准溶液滴定至无色，记录消耗盐酸标准溶液的体积，记为 V_2。

③ 测量试样净含量。

④ 测量试样的密度。

5. 计算

$$w = \frac{(V_1 - V_2) \times c \times 0.022}{\frac{V_3}{V_3 + V_4} \times 10 \times \rho} \times 100$$

式中 w——试样的二氧化碳含量，(质量分数)%

V_1——标定氢氧化钡溶液时消耗盐酸标准溶液的体积，mL

V_2——试样滴定时消耗盐酸标准溶液的体积，mL

V_3——样品的总体积，mL

V_4——在处理样品时加入 300g/L 氢氧化钡溶液的体积，mL

c——盐酸标准溶液的浓度，mol/L

0.022——与 1.00mL 盐酸［c（HCl）=1.000mol/L］相当以克表示的二氧化碳的质量，g

10——测定时吸取试样的体积

ρ——被测试样的密度（当试样为 11～12°P 啤酒时，此值为 1.012，其他浓度的样品须先测其密度），g/mL

计算结果保留到二位小数。

同一样品两次测定值之差不得超过算术平均值的 5%。

（二）压力法（GB/T 4928—2008《啤酒分析方法》第二法）

1. 原理

根据亨利定律（在一定的温度下，当达到平衡状态时，溶解在液体中的气体的含量与此气体在总气体中所占的分压成正比），溶解在啤酒中的二氧化碳的含量与瓶颈中的二氧化碳分压成正比。瓶颈内其他气体的分压比二氧化碳分压小得多，因此可近似用总压表示二氧化碳分压。由于在瓶装啤酒中，除二氧化碳外，多多少少有一部分空气的存在，所以会影响二氧化碳分压，若要得到更准确的结果，必须要同时测量出瓶颈中空气的含量。

在 25℃时，测出样品的总压和瓶颈残留空气的体积，再测出瓶颈空容体积。

根据二氧化碳分压计算出样品中二氧化碳的含量，以质量分数表示。

2. 试剂

氢氧化钠溶液（400g/L）：称取氢氧化钠400g溶于水中，稀释至1000mL，摇匀，静置至溶液澄清后将上清液转移至聚乙烯塑料瓶中加塞保存。

3. 仪器

（1）二氧化碳测定仪　包括穿孔装置（带压力表）和瓶颈空气测定装置，压力表分度值为0.01MPa。

（2）电子天平　感量0.01g。

（3）量筒　100mL。

（4）记号笔。

4. 操作

（1）按仪器说明书安装好仪器。

（2）从碱液水准瓶口加入已配好的400g/L氢氧化钠溶液，使之充满碱吸收管和所有的连接胶管，并排出所有的气泡。

（3）酒样置于25℃水浴恒温30min。

（4）取已恒温的酒样，用记号笔在瓶壁上标记酒液液位。

（5）酒样于穿孔装置下穿孔，用手摇动支架，直至压力表指针达到最大恒定值，记下表压。

（6）慢慢打开穿孔装置的出口阀，让瓶内气体缓缓流入吸收管，当压力表降至零时，关闭出口阀。

（7）倾斜摇动碱吸收管，使管内气体中二氧化碳被碱液充分吸收，直到吸收管内气体体积达到恒定值。

（8）调整碱液水准瓶，使其液位与吸收管液位等高（即静压相等）。

（9）从吸收管上读出瓶颈空气的体积。

（10）测量瓶颈空容　将酒样从穿孔装置取下，倒出啤酒，用自来水冲洗至瓶内无泡沫，准确装入水至先前酒液液面标记处，用100mL量筒量取100mL水后倒入试样瓶至刚好满瓶口，读取从量筒倒出水的体积，即为瓶颈空容。

5. 计算

$$w = (P - 0.101 \times \frac{V_2}{V_1}) \times 1.40$$

式中　w——样品中二氧化碳的质量分数，%

P——绝对压力（表压+0.101），MPa

V_2——瓶颈空气体积，mL

V_1——瓶颈空容体积，mL

1.40——25℃，1MPa时，100g试样中溶解的二氧化碳克数，g

同一样品两次平行测定值之差不得超过平均值的5%。

6. 说明

测量样品如果是听装酒，则“听顶空容”按下面方法测定和计算。

(1) 称量整听酒的质量（m_1），精确到0.1g。

(2) 穿刺，测定听装酒的表压。

(3) 将听内啤酒倒出，用水洗净，控干。

(4) 称量“听+拉盖”的质量（m_2），精确至0.1g。

(5) 用水充满空听，称量“听+拉盖+水”的质量（m_3），精确到0.1g。

(6) 按下式计算“听顶空容”。

$$KR = \frac{m_3 - m_2}{0.99823} - \frac{m_1 - m_2}{\rho}$$

式中 KR——听装酒的“听顶空容”，mL

m_1——整听酒的质量，g

m_2——“听+拉盖”的质量，g

m_3——“听+拉盖+水”的质量，g

0.99823——水在20℃下的密度，g/mL

ρ——试样的密度，g/mL

（三）Haffmans二氧化碳测定仪法

1. 原理

测量原理也是基于亨利定律，即在一定温度下，当达到平衡状态时，溶解在液体中的气体含量与此气体在总气体中所占的分压成正比。由于瓶颈内其他气体的分压比二氧化碳的分压小得多，因此可以近似地用啤酒总压来表示二氧化碳分压，然后测量出啤酒的温度，通过温度和压力来计算得到啤酒的二氧化碳含量。在测量二氧化碳后，同样采用吸收法测量瓶颈空气。

2. 仪器

Haffmans公司生产的INPACK系列二氧化碳测定仪，如图8-1所示。

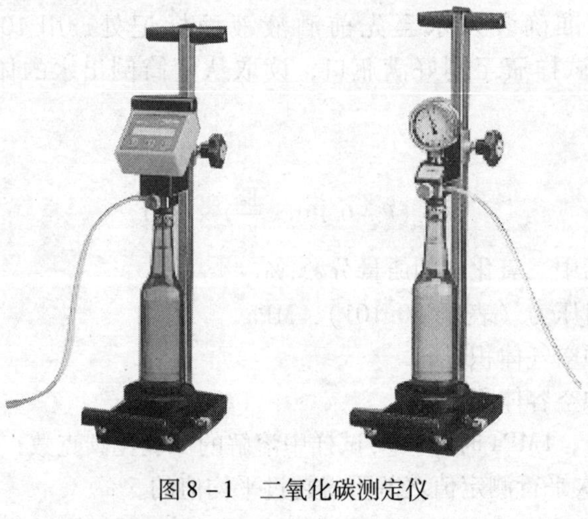

图8-1 二氧化碳测定仪

3. 操作

(1) 给酒样瓶套上防爆用安全罩。

(2) 将酒样置于仪器瓶托上，调整穿刺装置高度。

(3) 搬动仪器瓶托升降手柄，瓶托上升使瓶盖穿刺。

(4) 两手分别握住仪器上下两端的辊花把手。

(5) 将仪器同瓶一起翻转摇动几次。

(6) 直到仪器上压力稳定不变为止。

(7) 测量酒样压力和温度（该仪器有两大类，一类是压力表式，即拉尺式，可以从压力表上读出二氧化碳压力，测温则用温度计在读完压力后从仪器上取下酒样测量；另一类是电子式，压力测量采用压力传感器，温度测量采用测温传感器，压力和温度可直接由仪器显示出来）。

(8) 计算酒样二氧化碳含量　压力表式配有专用的计算尺，利用压力和温度在计算尺上可以直接读出二氧化碳含量（质量分数,%）；电子式可直接显示二氧化碳含量，根据需要可以显示为浓度（g/L）、体积分数（%）等，测量快捷方便。

其测定结果记录于表8－9中。

表8－9　压力法二氧化碳测定记录表

项目	样1	样2	样3	样4
表压				
酒温/℃				
CO_2含量				
实验日期				

（四）滴定法（Tonkaboni 法）

1. 原理

啤酒中的CO_2被添加过量的NaOH吸收，生成Na_2CO_3，Na_2CO_3又与$BaCl_2$反应生成$BaCO_3$，然后用HCl滴定过量的NaOH，根据其消耗HCl体积可计算出CO_2的含量。

2. 试剂

(1) 0.1mol/L 氢氧化钠标准溶液。

(2) 15% 氯化钡溶液。

(3) 0.1mol/L 盐酸标准溶液。

(4) 0.2% 麝香草酚酞指示溶液。

3. 操作

(1) 主试验

① 将酒样冷却至0℃。

② 在一个干净的三角瓶中准确加入 30～40mL 0.1mol/L 氢氧化钠标准溶液和 3mL 15% 氯化钡溶液，再加几滴麝香草酚酞指示剂。

③ 将冷却好的酒样开瓶（注意不要摇动）。

④ 用移液管吸取 10mL 酒样。

⑤ 将移液管尖插入三角瓶内氢氧化钠溶液中，将酒样放入氢氧化钠溶液中。

⑥ 用 0.1mol/L 盐酸标准溶液滴定至样品由蓝色变色为止。

⑦ 记下消耗盐酸标准溶液的体积。

(2) 空白试验

① 取 30mL 酒样短时煮沸，冷却。

② 取 10.00mL 冷却后的酒样如主试验一样进行滴定。

③ 记下消耗盐酸标准溶液的体积。

其测定结果记录于表 8－10 中。

表 8－10　滴定法 CO_2 测定记录表

项目	1 组	2 组	3 组	4 组	5 组	6 组
NaOH 浓度/（mol/L）						
NaOH 体积（换算成 0.1mol/L）/mL						
HCl 的浓度/（mol/L）						
样品消耗的盐酸体积/mL（换算成 0.1mol/L）						
空白消耗的盐酸体积/mL（换算成 0.1mol/L）						
样品消耗的 0.1mol/L NaOH 体积/mL						
空白消耗的 0.1mol/L NaOH 体积/mL						
CO_2 含量						
样品名称						
实验日期						

4. 计算

CO_2 含量(mg/100mL) ＝［主试验消耗的 NaOH 体积(mL) －
空白试验消耗的 NaOH 体积(mL)］×22

例 8－1：主试验消耗 NaOH 38.0mL，空白试验消耗 NaOH 11.0mL。则

CO_2 含量 ＝（38.0 － 11.0）×22 ＝ 594.0mg/100mL ＝ 5.94g/L。

(五) 发酵液、清酒的二氧化碳测量（仪器法）

1. 原理

测量所依据的理论依然是亨利定律，在一定温度下，当达到平衡状态时，溶解在液体里的气体含量与此气体在总气体中所占的分压成正比。在发酵液和清酒中相对来说几乎没有其他气体，所以压力法能真实地反应样品中的二氧化碳含量。

仪器测量时通过罐压将酒样均匀、稳定地压入仪器测量池内，将仪器滑阀推进时，自动地关闭仪器的样品进口和出口，形成一个密封的环境，通过电解法将酒液中的二氧化碳激发出来，达到气液平衡后，测量平衡压力和酒液温度即可计算出样品酒液中二氧化碳的含量。

2. 仪器

Haffmans 公司生产的 GMT（压力表式）和 DGM（数显式）二氧化碳测定仪，如图 8－2 所示。

(1) 压力表式

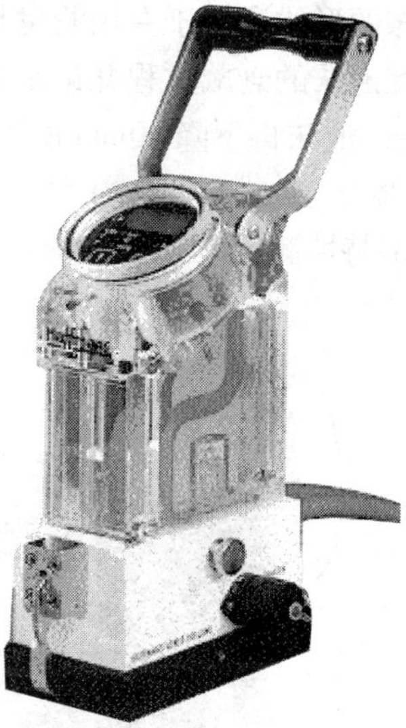

(2) 数显式

图 8－2 二氧化碳测定仪

3. 操作

（1）将仪器进样管连接在发酵罐（清酒罐）与仪器配套的取样阀上。

（2）将仪器滑阀手柄向外拉出（仪器进口和出口打开）。

（3）打开发酵罐（清酒罐）上取样阀开关，让酒液流入仪器测量池部分。

（4）逆时针旋动仪器侧面的不锈钢流速调节阀，酒液从仪器出口管流出。

（5）调节仪器流速调节阀，使出口流速不要太快，从仪器外面应观察测量池内酒液中无气泡，如此慢慢放掉约 1L 样品。

（6）将滑阀手柄向内推入（仪器进口和出口关闭）到测量位置，仪器指示灯亮，开始测量（测量过程大约 1min）。

（7）记录数据　如果是压力表式仪器，则记录仪器上压力表的压力和仪器内置温度计的温度（酒温），用专用计算尺计算出二氧化碳含量；电子式仪器自动显示二氧化碳含量，如 g/L。

（8）测量完毕，将仪器接在自来水龙头上，打开仪器滑阀，冲洗干净。

（9）关掉自来水，将仪器滑阀推进，让水保存在仪器测量池内。

九、泡持性的测定

（一）仪器法

1. 原理

在二氧化碳钢瓶所产生的压力作用下，通过与仪器配套的专用激泡装置，将酒样以泡沫的形式激发于专用测量杯内，以测量杯的高度为标准，仪器的探针电极自动跟踪泡沫的衰减过程并记录其时间。仪器记录的泡持性时间为从杯口下面10mm 开始，泡沫再下降30mm 所需的时间。

2. 仪器

（1）泡持性测定仪　Haffmans 生产的 NIBEM－T 或 NIBEM－FST，如图 8－3 所示。

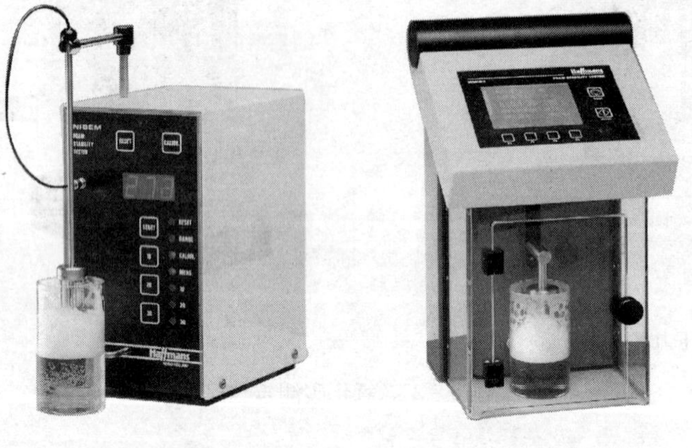

(1)NIBEM-T　　(2)NIBEM-FST

图 8－3　泡持性测定仪

（2）玻璃杯　杯内高 120mm，内径 60mm，壁厚 2mm，无色透明。

（3）专用激泡器。

（4）气源　二氧化碳钢瓶。

（5）恒温水浴。

3. 操作

（1）将啤酒样置于 20℃水浴中恒温 30min，备用。

（2）打开泡沫测定仪电源开关。

（3）按说明书要求校准杯高。对于 NIBEM－T 校准一次后能记住杯高，NIBEM－FST 则每次测量都需校准。

（4）取出恒温好的酒样，翻转摇动几次，使瓶内 CO_2 达到平衡，置于穿孔取样器下。

（5）打开二氧化碳钢瓶总阀，分压调整到0.1MPa左右（注意安全）。

（6）给酒样穿孔，打开激泡器开关，从激泡器出口排掉约20mL酒样。

（7）将玻璃杯置于激泡器出口下方，使出口位于杯的中央，出口离杯底1cm。

（8）打开激泡器开关，在3～4s内激满一杯泡沫。

（9）将泡沫样品置于泡沫测定仪电极探针下方，按开始键，仪器自动测量显示并记录结果。

（10）测量完毕，用啤酒瓶装清水冲洗激泡器，并将水保留在激泡器管道内。如若较长时间将不使用仪器，则激泡器应用1%的苏打水清洗，玻璃杯直接用自来水、蒸馏水仔细冲洗，倒扣放置。

结果以秒计，取整数。

同一试样两次测量值之差不得超过算术平均值的5%。

其测定结果记录于表8－11中。

表8－11 仪器法泡持性测定记录表

项目	样1	样2	样3
时间1/s			
时间2/s			
时间3/s			
实验日期			

注：为了节约和加强练习，每瓶样测三次数据。

（二）秒表法

1. 原理

按规定的方法将酒样倒入测量杯中，用目视法测定啤酒泡沫消散速度，以秒表计时。

2. 仪器

（1）秒表。

（2）玻璃杯（同仪器法）。

（3）铁架台、铁环。

3. 操作

（1）将酒样于20℃水浴中恒温30min。

（2）按要求装好铁架台和铁环 铁环高度为测量杯置于铁架台上后，铁环离杯口距离为3cm。

（3）将已处理好的酒样开盖，立即置瓶口（或听）于铁环上，沿杯中心线，以均匀流速注入杯中，直到泡沫高度与杯口相齐时为止（满杯时间宜控制在4～8s内）。同时按表计时。

（4）观察泡沫升起情况，记录泡沫形态和泡沫挂杯情况。

（5）记录泡沫从满杯至消失（露出 0.05cm^{2}酒面）的时间。

（6）结果以秒计，取整数。

同一试样两次测量值之差不得超过算术平均值的10%。

十、联二酮的测定

1. 原理（分光光度法）

用蒸汽将双乙酰（2，3－丁二酮）从样品中蒸馏出来，与邻苯二胺反应，生成2，3－二甲基喹喔啉，2，3－二甲基喹喔啉的盐酸盐在335nm 的波长下有最大吸收峰，可作定量测量。

由于其他联二酮类（如2，3－戊二酮）都具有相同的反应，因此测定结果为总联二酮含量。

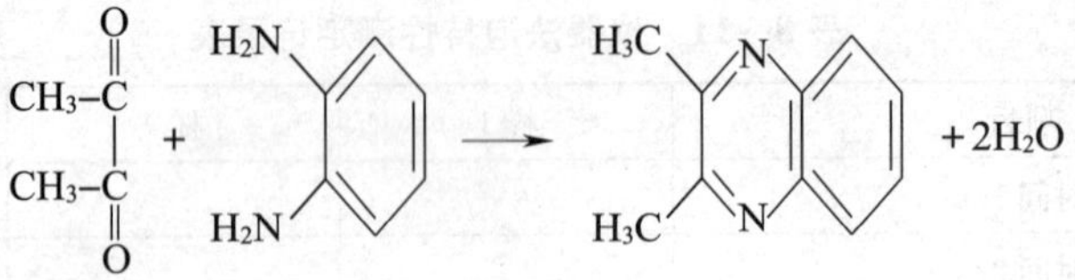

2. 试剂

（1）盐酸溶液［c（HCl）＝4mol/L］　取333mL 浓盐酸，搅拌下注入约500mL 水中，稀释至1000mL，摇匀，放置冷却。

（2）邻苯二胺溶液（10g/L）　溶250.0mg 邻苯二胺于4mol/L 盐酸中，用4mol/L 盐酸稀释至25.00mL，使用当天配制，贮于暗处。

（3）消泡剂　甘油聚醚或有机硅消泡剂。

3. 仪器

（1）紫外分光光度计　备有20mm 或10mm 的石英比色皿。

（2）双乙酰蒸馏器（蛇形冷凝管）。

（3）蒸汽发生器。

（4）移液管。

（5）容量瓶　25mL。

（6）比色管　50mL。

4. 操作

（1）将安装好的双乙酰蒸馏器预热备用。

（2）取25mL 容量瓶接收馏出液，容量瓶内装少许蒸馏水，使馏出液管口能刚好浸在水下，容量瓶外加冰浴。

（3）加1滴消泡剂于100mL 量筒中，向量筒中注入100mL 未经除气、预先冷至约5℃的酒样。

（4）立即将酒样转移至双乙酰蒸馏器内，并用少量水冲洗带塞漏斗，盖塞，加水密封。

（5）加热蒸馏，直到馏出液接近25mL时取下容量瓶，达到室温后加水定容至25.00mL，摇匀（蒸馏需在3～5min内完成）。

（6）分别吸取10.00mL馏出液置于两个比色管中，管1加0.50mL邻苯二胺溶液，管2不加，混匀，置暗处放置30min后取出。

（7）管1加2.00mL 4mol/L的盐酸溶液，管2加2.50mL 4mol/L的盐酸溶液，混匀。

（8）在335nm处，用2cm比色皿，以管2作参比溶液，测定吸光度。

5. 计算

$$X = A_{335} \times 1.2$$

式中 X——试样中双乙酰含量，mg/L

A_{335}——试样在335nm波长下，用2cm比色皿测得的吸光度

1.2——吸光度与双乙酰含量的换算系数

结果表示至两位小数

同一样品平行测定值之差不得超过算术平均值的10%。

其测定结果记录于表8－12中。

表8－12 啤酒双乙酰测定记录表

项目	蒸馏样1	蒸馏样2	蒸馏样3	蒸馏样4
吸光度				
双乙酰/（mg/L）				
实验日期				
样品名称				

6. 注意事项

存在于灌装后啤酒中的α－乙酰乳酸会在有氧的情况下缓慢氧化成为双乙酰，如果将啤酒事先在70℃水浴中处理2h，则可将其总联二酮的含量测量出来。

十一、苦味质的测定

方法同麦汁苦味质测定，注意啤酒除气时不能损失泡沫，因为其中含有大量的苦味物质。

除气方法：向一洁净干燥的500mL烧杯中加入100mL啤酒，放入磁力搅拌棒，在电磁搅拌器上搅拌除气15min。

第五节 啤酒中氧含量的测定

一、溶解氧的测定

1．原理

将成品啤酒包装物穿刺（利用穿刺取样器），取样管插入样液中，利用惰性气体将啤酒顶入溶解氧测定仪中，测氧仪内氧检测器中产生的电讯号与样品中氧的含量成正比。

仪器测量氧检测器中的电讯号，以氧含量显示结果。

2．仪器

（1）穿孔取样装置。

（2）气源 CO_2或N_2钢瓶。

（3）溶解氧测定仪 如InTap4000、DIGOX－4或DIGOX－5、OrbispHere3650、Haffmans二氧化碳氧气联合测量仪等功效相同的仪器。

3．操作

（1）将酒样低温处理至10℃左右。

（2）酒样置于穿刺取样装置下方，穿刺。

（3）将取样管插至瓶底。

（4）打开气源，使酒样压入仪器流通池。注意气瓶的安全操作，气体出口压力一般小于0.2MPa。

（5）通过仪器的调节阀控制样品流出速度在200mL/min左右（不同型号的仪器流速要求也不一样）。

（6）待仪器读数稳定后读数。

（7）测量完毕，取下样品瓶，用啤酒瓶装一瓶清水，利用气源将清水压入仪器以清洗流通池。

（8）关闭气源总阀。

所得结果取整数。

4．注意事项

（1）不管是哪种测氧仪，在测量时流通池中不应有气泡，由于啤酒含气，所以将酒样低温处理后对此有利。

（2）测氧仪工作时流过测量池样品的流速对测定有一定的影响，故在测量时要求流速稳定。

（3）测氧仪在使用一段时间后其响应速度会慢一些，故有时一瓶啤酒快流完时可能仪器读数还没稳定下来，这时可以另换一瓶啤酒，在换啤酒时注意不能让仪器测量池内流空。如果仪器在三瓶啤酒流完还不能稳定下来，则要对仪器进行维护。每种仪器都有自己相应的维护方法，可参阅仪器说明书。

（4）成品啤酒取样要注意取样点，并且应马上测量，不能存放。

（5）清酒溶解氧的测量直接从清酒罐的取样阀上连接仪器进口即可进行。

二、瓶颈空气的测定

（一）水下漏斗法

1．原理

瓶或听中的气体在一个水下漏斗中被收集起来，然后气体被导入一个充满氢氧化钠或氢氧化钾的吸量管中，在此过程中二氧化碳被碱液吸收，剩下的气体（氮气和氧气的混合气体）将上升到吸收测量管的最上端，从吸收测量管上可直接读出其气体体积。

2．试剂

30% 氢氧化钠或 50% 氢氧化钾。

3．仪器

（1）水下漏斗测量装置。

（2）水池。

4．操作

（1）按要求装好测量装置。

（2）将测量装置放入水池中，堵住水池下水口。

（3）通过碱液瓶将吸收测量管中装满碱液。

（4）打开水龙头向水池中放水，使水位高度能将漏斗淹没 4 ~ 5cm。

（5）将漏斗内存在的空气排走（关闭吸收测量管上部开关，将碱液瓶放低，打开吸收测量管下部开关）。

（6）关掉下部开关，打开上方开关，将管中重新进入的空气排走。如此一直到整个装置中没有空气。

（7）将啤酒瓶先按照瓶盖朝下的方向浸入水中，以排除掉瓶盖中存在的空气（注意排除的气体不允许进入漏斗中），对于听装酒必须注意在罐底和拉环周围不能有气体存在。

（8）将酒瓶口置于漏斗内下方，开启瓶盖，瓶内气体进入漏斗中，水位下降。对于听装酒，注意在拉掉拉环后，再转动听几次，以保证将所有气体赶出。

（9）将碱液瓶降低至水面下，然后打开测量装置下部的阀，将气体以尽可能小的气泡缓慢引至吸收测量管中，直到测量装置中全无气体为止。

(10) 将碱液瓶举起，使瓶内液面与吸收测量管中的液面一致，排除静压的影响，直接在吸收测量管上读出空气体积。

结果表示至一位小数，以“mL”计。

成品啤酒正常值小于1mL/0.5L（瓶）。

(二) 穿刺吸收法

1. 原理

在密封的情况下将啤酒样品穿刺，由于在常温下啤酒中的二氧化碳处在过饱和状态，所以当打开穿刺装置的开关后瓶内二氧化碳会将瓶颈部分的混合气体顶出，被顶出的混合气体通过胶管进入吸收测量装置中的强碱溶液，二氧化碳被吸收，剩余的气体则为瓶颈空气。

2. 试剂

35% ~40% 氢氧化钾。

3. 仪器

Haffmans 公司生产的 INPACK 系列二氧化碳测量仪和瓶颈空气测量装置。

4. 操作

(1) 将吸收测量装置的胶管与二氧化碳测量仪上的排气口连接好。

(2) 打开穿刺装置排气口的开关（逆时针旋转）。

(3) 在吸收测量装置中装入已配制好的氢氧化钾溶液。

(4) 调整氢氧化钾溶液液位赶走连接胶管内的空气，使穿刺装置与吸收测量装置之间没有空气。

(5) 关闭穿刺装置的排气口开关。

(6) 给酒样瓶套上防爆用安全罩。

(7) 将酒样置于仪器瓶托上，调整穿刺装置高度，搬动仪器瓶托升降手柄，瓶托上升将瓶盖穿刺。

(8) 两手分别握住仪器上下两端的辊花把手，将仪器同瓶一起翻转摇动几次。

(9) 慢慢打开穿刺装置上的排气口开关，使瓶颈内气体以小气泡的形式进入吸收测量装置。

(10) 从吸收测量装置上读数。读数时氢氧化钾溶液水准杯内液位应与吸收测量装置中的液位一样，胶管中也不应有气体。

其测定结果记录于表8-13中。

表8-13 啤酒瓶颈空气测量记录表

项目	样1	样2	样3
瓶颈空气/mL			
测量方法			
实验日期			

三、总氧含量的计算

对成品啤酒氧气指标的控制，其最终必须关注总的氧负荷。

总氧含量由啤酒中溶解氧含量和瓶颈空气中的氧含量相加得到。

$$W = W_1 + \frac{V_1}{V_2} \times 1000 \times 21\% \times \frac{32}{22.4}$$

式中 W——总氧含量，mg/L

W_1——溶解氧含量，mg/L

V_1——瓶颈空气的体积，mL

V_2——样品的体积，mL

1000——算成1000mL的系数

21%——空气中氧气所占的体积分数

32——氧气的摩尔质量，g/mol

22.4——气体的摩尔体积，L/mol

例8－2：测量样品溶解氧含量为0.30mg/L（W_1），瓶颈空气为2.0mL（V_1），包装容量为640mL（V_2），则

$$W = 0.30 + \frac{2}{640} \times 1000 \times 21\% \times \frac{32}{22.4}$$
$$= 1.24\text{mg/L}$$

说明：对于成品啤酒来说，其总氧含量应越低越好，其极限值小于1.0mg/L为佳。

第六节 啤酒非生物稳定性的评价和预测

一、浊度的测定

1．原理

用浊度计直接测量处理好的样品，单位用EBC浊度单位表示。浊度计的校准采用福尔马肼标准浊度溶液。

2．试剂

（1）福尔马肼溶液

① 硫酸肼溶液（1%）：称取硫酸肼1.000 g，溶于无浑浊的蒸馏水中，移入100mL容量瓶中定容，放置4h使其完全溶解。

② 六次甲基四胺溶液（10%）：称取10.000g六次甲基四胺，溶于无浑浊的蒸馏水中，移入100mL容量瓶中定容。

③ 浓福尔马肼浑浊液：用移液管吸取25mL六次甲基四胺溶液于一干燥洁净

的具塞三角瓶中，洗净移液管，再吸取25mL硫酸肼溶液，缓慢加入六次甲基四胺溶液中，边加边摇动，然后将瓶加塞，在室温下放置24h后备用。此溶液浊度为1000EBC，此浓溶液在2月内有效。

④ 100EBC的福尔马肼浑浊液：将浓的福尔马肼溶液仔细摇匀，用移液管吸取浓溶液后在容量瓶内稀释10倍，即可得到100EBC的浊液。此溶液在一周内有效。

⑤ 使用福尔马肼溶液的注意事项

a. 校准浊度计的福尔马肼溶液都应用100EBC的溶液进行稀释，而不应直接取浓溶液稀释。

b. 福尔马肼溶液具有沉淀性，在稀释过程和校准仪器的过程中应仔细摇匀。用于校准的低浓度溶液（如1EBC），注意在摇匀过程中不应使瓶中有气泡。

c. 如有气泡则应等气泡消失后放入仪器中使用。

d. 1000EBC的溶液如经再稀释后只能当天使用。

（2）蒸馏水　用于稀释福尔马肼的蒸馏水应保证无浑浊，重蒸水可满足要求。

3. 仪器

浊度计如图8-4所示。

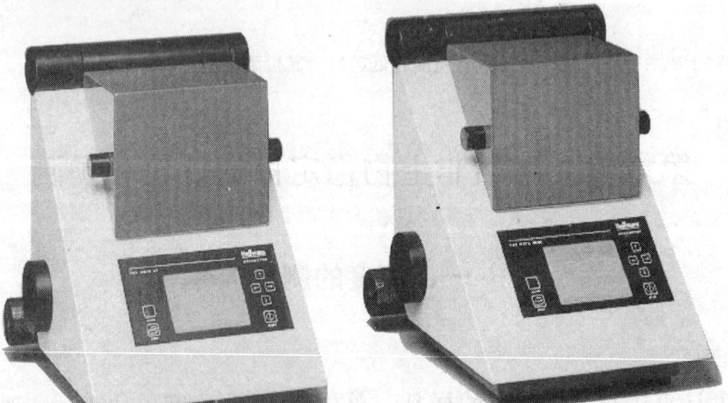

(1)VOS ROTA 90　　(2)VOS ROTA 90/25

图8-4　浊度计

4. 操作

（1）酒样除气（振摇、电磁搅拌或超声波）但不过滤。

（2）除气酒样装入干净的专用浊度杯中。

（3）将浊度杯放入已校准的浊度仪。

（4）按仪器操作要求进行测量、读数、记录。

5. 注意事项

（1）浊度测量受多种因素影响，且各厂家仪器不尽相同，因此操作过程也不完全一样。

（2）有些仪器有水浴，有些仪器没有水浴，对于没有水浴的仪器，测量时浊度杯外面不应有水雾，如有水雾可用面巾纸擦干后快速测量。

（3）有些仪器在测量时浊度瓶能自动旋转，测量多个数值后显示平均值，有些仪器则不能，建议手工旋转4个90°，读数，取4个读数的平均值报告结果。

（4）有些仪器可直接用啤酒瓶测量，故成品酒可洗去商标后直接在仪器中测量。

（5）浊度计不能分辨浑浊物和气泡，气泡会使浊度值增高，故在浊度测量时应保证试样中无气泡逸出。有些仪器的浊度瓶带有可密封的盖，对此明显有益。

（6）浊度仪应定期用福尔马肼溶液检验和校准。

二、啤酒保质期的预测（啤酒浑浊倾向的预测）

1. 原理

啤酒中的蛋白质、多酚物质、高分子糊精、β－葡聚糖、金属离子等会在氧化作用下慢慢形成沉淀析出，高温会加快此过程。所以对酒样采取冷热强化试验，以浊度计来检查其浑浊倾向，从而预测保质期。

2. 仪器

（1）保质期测定仪。

（2）浊度仪。

3. 操作

（1）取5瓶啤酒，先测量其20℃浊度。

（2）恒温于60℃或40℃ 24h。

（3）降温至室温，缓慢降温至0℃，恒温24h。

（4）测量0℃时的浊度。

（5）重复上述过程直至浊度增加至2EBC为止。

（6）记下热处理天数。

4. 保质期计算

$$\text{预计的保质期} = 60℃\text{下的热处理天数} \times \text{换算系数}$$

换算系数按以下方式得出。

（1）取5瓶与冷热强化试验同样的啤酒，在20℃（或室温）下保存。

（2）每隔一段时间将啤酒在0℃保存（如每两周）24h。

（3）用仪器测量啤酒0℃时的浊度。

（4）一直这样进行下去，直到浊度值为2EBC。

（5）记下整个时间（天）。

（6）换算系数＝20℃或室温下的保存天数/60℃下的热处理天数。

5．注意事项

（1）预测啤酒保质期的方法很多，其中用得较多的方法是冷热强化试验。虽然酒样都在0℃和60℃处理，但是每个厂家的设备、原料、工艺不一样，因此换算系数对于每个厂家是不一样的，即有的厂家可能一个热循环相当于20天，有的可能相当于30天，故每个厂家应根据情况作出自己的换算系数。

（2）40℃用于未经稳定化处理的啤酒，60℃用于经过稳定化处理的啤酒。

三、硫酸铵沉淀极限

1．原理

在啤酒中不断加入饱和硫酸铵溶液，啤酒中的蛋白质被沉淀，使啤酒产生浑浊。形成一定的浊度需要的硫酸铵溶液越多，则说明啤酒的稳定性越好。硫酸铵沉淀极限值表示的是使100mL啤酒形成肉眼可见的雾浊所需的饱和硫酸铵的毫升数。

2．试剂

饱和硫酸铵溶液：在沸水中不断加入硫酸铵，直至有沉淀产生，静置冷却。

3．仪器

（1）移液管。

（2）比色管或相同规格试管。

4．操作

（1）啤酒样品除气。

（2）取8支试管或比色管，编号，每管中加入10mL除气啤酒。

（3）管1作为参比样品，不加硫酸铵。

（4）在其他试管中由少到多分别加入不同量的饱和硫酸铵溶液，见表8－14。

表8－14　硫酸铵沉淀极限试验所加试剂量参考表

试管编号	1	2	3	4	5	6	7	8
加入 $(NH_4)_2SO_4$ 的体积/mL	0	0.6	0.9	1.2	1.5	1.8	2.1	2.4

（5）稍加摇动，15min后以1号管作参比，从管口上方向管内观察，找出刚好肉眼可见雾浊的试管。

5．计算

$$\text{硫酸铵沉淀极限} = \text{消耗的硫酸铵溶液体积（mL）} \times 10$$

结果以整数表示。

6. 正常值

10 ~ 15mL 不稳定的啤酒；

＞15mL 稳定的啤酒。

7. 注意事项

（1）若需检查啤酒稳定化处理的效果，特别是使用了硅胶产品处理过的啤酒，可取20mL啤酒于一小烧杯中，在搅拌状态下不断从滴定管中滴入饱和硫酸铵溶液，直到有轻微雾浊产生为止。未经处理的啤酒一般硫酸铵沉淀极限值为每100mL 10 ~ 20mL，随着稳定剂使用量的不同，其极限值可上升至40mL或更多。

（2）这种方法可以很快地预测啤酒的稳定性，特别适用于单个啤酒厂内部的检测，与其他测定数据对比后能找到自己产品的极限值。但值得说明的是硫酸铵沉淀极限和啤酒的非生物稳定性之间并不具有线性关系。因为啤酒的非生物稳定性不仅仅取决于蛋白质，还与其他因素有关，如多酚和氧含量等。不同品种的啤酒，有可能得到同样的硫酸铵沉淀极限值，但其非生物稳定性却不一定相同。

第七节 巴氏杀菌单位（PU值）的测定

啤酒杀菌的目的是为了保证啤酒的生物稳定性，有利于啤酒的保存。啤酒杀菌的要求，就是在最低的杀菌温度下和最短的杀菌时间内杀死啤酒中可能存在的微生物，尽可能减少对啤酒品质和口味的不利影响。不必要地提高杀菌温度和延长杀菌时间，对啤酒的质量都是不利的。所以啤酒杀菌必须控制在一定的PU值以内。

1. 啤酒的巴氏杀菌单位

啤酒在杀菌过程中，由热力引起的杀菌效应用巴斯德杀菌单位表示，即在60℃经过1min所引起的啤酒杀菌效应为一个巴氏杀菌单位（一个PU值）。以60℃为基准温度来计算，其公式为：

$$\mathrm{PU} = Z \times 1.393^{(T-60)}$$

式中 Z——时间，min

T——温度，℃

利用巴氏杀菌单位测定仪（PU计）即可准确测定出啤酒在杀菌时所达到的PU值。

2. 灭菌温度和时间的关系

50℃以上的灭菌温度，每提高7℃，灭菌时间缩短9/10，即在同样的灭菌时间下，温度提高7℃，PU值增加10倍，见表8－15。

表 8-15 啤酒灭菌温度同 PU 值的关系

温度/℃	PU 值	温度/℃	PU 值	温度/℃	PU 值	温度/℃	PU 值
46	0.01	53	0.1	60	1	67	10
47	0.014	54	0.14	61	1.4	68	14
48	0.019	55	0.19	62	1.9	69	19
49	0.027	56	0.27	63	2.7	70	27
50	0.037	57	0.37	64	3.7	71	37
51	0.052	58	0.52	65	5.2	72	52
52	0.072	59	0.72	66	7.2	73	72

3. PU 计

PU 计是测量 PU 值的专用仪器，其具有很好的防水性能，仪器开关通过磁铁控制，仪器自带可充电电池，带测温传感器，具有自动计时和计算功能。测量时将仪器测温探头与仪器连接好，测温探头按要求插在酒样啤酒瓶内正确的位置，开机后放在杀菌机进口，与被杀菌的啤酒一起进入杀菌机，仪器自动记录杀菌过程的温度变化，在杀菌机出口与被杀菌啤酒一起出来，仪器内记录的数据和 PU 值可以在仪器上读出来或通过处理后由打印机打印出来。现在国内使用较多的是由荷兰 Haffmans 公司生产的系列 PU 计，如 RPU-120、RPU-242、RPU-243 等。

复习思考题

1. 啤酒分析时为什么要除气？
2. 啤酒除气应注意什么？
3. 计算原麦汁浓度需要哪些参数？怎样得到这些参数？
4. 请推导巴林公式。
5. 100g 啤酒发酵前含有多少克浸出物？
6. 发酵 100g 啤酒需要多少克麦汁？
7. 测量啤酒中的二氧化碳有哪些方法？
8. 用仪器法测量二氧化碳的理论依据是什么？
9. 简述二氧化碳测定仪的工作原理（用于大罐的测定仪）。
10. 用仪器法测量二氧化碳需要测量哪些参数？
11. 测量双乙酰时为什么用量筒取样而不用移液管取样？这样影响测量准确度吗？为什么？
12. 你认为在双乙酰测量过程中应注意什么问题？
13. 怎样用仪器区分比色皿是玻璃的还是石英的？

14. 当你拿到一瓶啤酒，通过什么方法可以测出其酒精含量？

15. 在啤酒生产过程中哪些地方要测量溶解氧？你认为应该采取哪些措施降低成品啤酒中的溶解氧？

16. 怎样计算成品啤酒的总氧量（设瓶颈空气为 XmL/500mL，溶解氧为 Ymg/L）？

17. 试描述浊度仪的工作原理。

附　录

附录一　理化分析常用指示剂的配制

1. 酚酞指示剂（1g/L）

称取0.1g酚酞，溶于95%乙醇溶液中，并用乙醇稀释至100mL。pH变色范围为8.0～9.8。

2. 甲基橙指示剂（1g/L）

称取0.1g甲基橙，溶于100mL水中。pH变色范围为3.1～4.4。

3. 甲基红指示剂（1g/L）

称取0.1g甲基红，溶于95%乙醇溶液中，并用乙醇稀释至100mL。pH变色范围为4.4～6.2。

4. 溴甲酚绿指示剂（1g/L）

称取0.1g溴甲酚绿，溶于95%乙醇溶液中，并用乙醇稀释至100mL。pH变色范围为4.0～5.6。

5. 溴甲酚绿－甲基红混合指示剂

称取0.1 g溴甲酚绿溶解于100mL 95%酒精溶液中；另取0.1g甲基红溶解于100mL 95%酒精溶液中。两溶液按10∶4的体积比进行混合。此指示剂在酸性溶液中呈粉红色，在碱性溶液中呈绿色，终点为灰色。pH变色范围为5.0～5.2。

6. 麝香草酚酞溶液（2g/L）

称取0.2g麝香草酚酞，溶于95%乙醇溶液中，并用乙醇稀释至100mL。pH变色范围为9.3～10.5（无色→蓝色）。

7. 次甲基蓝指示剂（1%）

称取1g次甲基蓝，溶于100mL水中。

8. 铬黑T指示剂

称取0.5g铬黑T及100g氯化钠研磨通过40目筛，贮于棕色瓶中备用。

9. 铬蓝黑R（钙指示剂：NaCl＝1∶200）

称取0.5g钙指示剂与100g固体氯化钠一起研磨至通过40~50目筛，装入棕色瓶中，塞紧。

10. 紫脲酸铵指示剂（紫脲酸铵：NaCl = 1∶200）

称取0.5g紫脲酸铵与100g固体氯化钠一起研磨至通过40~50目筛，装入棕色瓶中，塞紧。

11. 5g/100mL铬酸钾指示剂

称取5g铬酸钾溶于少量水中，滴加硝酸银溶液至有明显红色沉淀生成，放置24h，过滤，用水稀释至100mL。

12. 淀粉指示剂（10g/L）

称取1g于105℃干燥2h的可溶性淀粉，加5mL水调成糊状，加入90mL沸腾的水，煮沸1~2min，冷却，稀释至100mL。使用周期为两周。

附录二 理化分析常用缓冲溶液的配制

1. pH 4.00标准缓冲溶液

精确称取10.21g在110°C烘干1h的苯二甲酸氢钾，溶于无二氧化碳的蒸馏水中，并稀释至1000mL。此溶液的浓度为0.05mol/L，在25°C该溶液的pH为4.01。

2. pH 6.86标准缓冲溶液

精确称取3.40g于110~130°C干燥2h的磷酸二氢钾（KH_2PO_4）和3.55g于110~130°C干燥2h的磷酸氢二钠（Na_2HPO_4），溶于无二氧化碳的蒸馏水中，并稀释至1000mL。此溶液的浓度c（KH_2PO_4）为0.025mol/L，c（Na_2HPO_4）为0.025mol/L。在25°C该溶液的pH为6.86。

3. pH 9.18标准缓冲溶液

精确称取3.81g四硼酸钠（$Na_2B_4O_7 \cdot 10H_2O$），溶于无二氧化碳的蒸馏水中，并稀释至1000mL。此溶液的浓度c（$Na_2B_4O_7$）为0.01mol/L。在25°C该溶液的pH为9.18。此溶液应密封保存，以防止空气中二氧化碳的溶入，影响pH。

4. pH 10的氨-氯化铵缓冲溶液

称取16.9g氯化铵（NH_4Cl）溶于143mL浓氨水溶液中，用水稀释至250mL，摇匀，贮于塑料瓶或硬质玻璃瓶中，密封保存，严防氨气逸出或二氧化碳溶入。此溶液如保存在经常开启使用的瓶内，不得超过一个月。

附录三　实验室常用酸碱溶液的物理性质

试剂	化学式	摩尔质量/（g/mol）	密度/（g/cm^3）	质量分数/%	物质的量浓度/（mol/L）
浓硫酸	H_2SO_4	98.00	1.84	96	18.0
浓盐酸	HCl	36.46	1.19	37	12.1
浓硝酸	HNO_3	63.01	1.42	70	15.9
磷酸	H_3PO_4	98.00	1.69	85	14.8
冰乙酸	CH_3COOH	60.05	1.05	88	17.45
浓氨水	$NH_3 \cdot H_2O$	17.03	0.90	28	14.53
浓氢氧化钠	NaOH	40.00	1.43	40	14.3
高氯酸	$HClO_4$	100.46	1.67	70	12

附录四　常用有机溶剂的物理常数

名称	化学式	相对密度	沸点/℃
乙醇	CH_3CH_2OH	0.7893	78.3
甲醇	CH_3OH	0.791	64.7
正丁醇	C_4H_9OH	0.81	117~118
异戊醇	$(CH_3)_2CH(CH_2)_2OH$	0.812	80.1
乙醚	$(C_2H_5)_2O$	0.7135	34.5
石油醚（三个沸程）			30~60， 60~90， 90~120
乙酸	CH_3COOH	1.049	118
乙酸乙酯	$CH_3CO_2C_2H_5$	0.9903	77.05
苯	C_6H_6	0.879	80.1
甲苯	$C_6H_5CH_3$	0.866	110.8
二甲苯	$C_6H_4(CH_3)_2$	0.86	136~141
甘油	$CHOH(CH_2OH)_2$	1.2641	290（分解）
氯仿	$CHCl_3$	1.489	62.2
四氯化碳	CCl_4	1.595	76.7
丙酮	$(CH_3)_2CO$	0.792	56
丁酮	$CH_3COC_2H_5$	0.805	79.6
吡啶	C_5H_5N	0.982	115.4

附录五 大麦百升质量对照表

1/4L 质量/g	百升质量/(kg/hL)	1/4L 质量/g	百升质量/(kg/hL)	1/4L 质量/g	百升质量/(kg/hL)	1/4L 质量/g	百升质量/(kg/hL)	1/4L 质量/g	百升质量/(kg/hL)
115.0	45.00	132.5	52.35	150.0	59.70	167.5	67.05	185.0	74.40
115.5	45.20	133.0	52.55	150.5	59.90	168.0	67.25	185.5	74.65
116.0	45.40	133.5	52.75	151.0	60.10	168.5	67.50	186.0	74.85
116.5	45.60	134.0	53.00	151.5	60.35	169.0	67.70	186.5	75.05
117.0	45.85	134.5	53.20	152.0	60.55	169.5	67.90	187.0	75.25
117.5	46.05	135.0	53.40	152.5	60.75	170.0	68.10	187.5	75.45
118.0	46.25	135.5	53.60	153.0	60.95	170.5	68.30	188.0	75.70
118.5	46.45	136.0	53.80	153.5	61.20	171.0	68.55	188.5	75.90
119.0	46.65	136.5	54.05	154.0	61.40	171.5	68.75	189.0	76.10
119.5	46.90	137.0	54.25	154.5	61.60	172.0	68.95	189.5	76.30
120.0	47.10	137.5	54.45	155.0	61.80	172.5	69.15	190.0	76.50
120.5	47.30	138.0	54.65	155.5	62.00	173.0	69.35	190.5	76.75
121.0	47.50	138.5	54.85	156.0	62.25	173.5	69.60	191.0	76.95
121.5	47.70	139.0	55.10	156.5	62.45	174.0	69.80	191.5	77.15
122.0	47.95	139.5	55.30	157.0	62.65	174.5	70.00	192.0	77.35
122.5	48.15	140.0	55.50	157.5	62.85	175.0	70.20	192.5	77.55
123.0	48.35	140.5	55.70	158.0	63.05	175.5	70.40	193.0	77.80
123.5	48.55	141.0	55.90	158.5	63.30	176.0	70.65	193.5	78.00
124.0	48.75	141.5	56.15	159.0	63.50	176.5	70.85	194.0	78.20
124.5	49.00	142.0	56.35	159.5	63.70	177.0	71.05	194.5	78.40
125.0	49.20	142.5	56.55	160.0	63.90	177.5	71.25	195.0	78.60
125.5	49.40	143.0	56.75	160.5	64.10	178.0	71.45	195.5	78.85
126.0	49.60	143.5	56.95	161.0	64.35	178.5	71.70	196.0	79.05
126.5	49.80	144.0	57.20	161.5	64.55	179.0	71.90	196.5	79.25
127.0	50.05	144.5	57.40	162.0	64.75	179.5	72.10	197.0	79.45
127.5	50.25	145.0	57.60	162.5	64.95	180.0	72.30	197.5	79.65
128.0	50.45	145.5	57.80	163.0	65.15	180.5	72.55	198.0	79.90
128.5	50.65	146.0	58.00	163.5	65.40	181.0	72.75	198.5	80.10
129.0	50.90	146.5	58.25	164.0	65.60	181.5	72.95	199.0	80.30
129.5	51.10	147.0	58.45	164.5	65.80	182.0	73.15	199.5	80.50
130.0	51.30	147.5	58.65	165.0	66.00	182.5	73.35	200.0	80.70
130.5	51.50	148.0	58.85	165.5	66.20	183.0	73.60	200.5	80.95
131.0	51.70	148.5	59.05	166.0	66.45	183.5	73.80	201.0	81.15
131.5	51.95	149.0	59.30	166.5	66.65	184.0	74.00	201.5	81.35
132.0	52.15	149.5	59.50	167.0	66.85	184.5	74.20	202.0	81.55

附录六 麦汁黏度与浸出物含量对照表

浓度 /%（°P）	黏度 /（mPa·s）	浓度 /%（°P）	黏度 /（mPa·s）	浓度 /%（°P）	黏度 /（mPa·s）	浓度 /%（°P）	黏度 /（mPa·s）
0.00	1.005	2.60	1.150	5.20	1.318	7.80	1.517
0.10	1.010	2.70	1.156	5.30	1.325	7.90	1.526
0.20	1.015	2.80	1.162	5.40	1.332	8.00	1.535
0.30	1.020	2.90	1.168	5.50	1.339	8.10	1.543
0.40	1.025	3.00	1.174	5.60	1.346	8.20	1.552
0.50	1.030	3.10	1.180	5.70	1.353	8.30	1.561
0.60	1.036	3.20	1.186	5.80	1.360	8.40	1.570
0.70	1.041	3.30	1.192	5.90	1.368	8.50	1.579
0.80	1.046	3.40	1.198	6.00	1.376	8.60	1.588
0.90	1.052	3.50	1.205	6.10	1.383	8.70	1.597
1.00	1.057	3.60	1.211	6.20	1.390	8.80	1.606
1.10	1.063	3.70	1.218	6.30	1.398	8.90	1.615
1.20	1.068	3.80	1.224	6.40	1.406	9.00	1.624
1.30	1.074	3.90	1.230	6.50	1.414	9.10	1.633
1.40	1.079	4.00	1.237	6.60	1.421	9.20	1.642
1.50	1.085	4.10	1.243	6.70	1.429	9.30	1.651
1.60	1.090	4.20	1.249	6.80	1.437	9.40	1.661
1.70	1.096	4.30	1.256	6.90	1.445	9.50	1.671
1.80	1.102	4.40	1.263	7.00	1.453	9.60	1.680
1.90	1.108	4.50	1.270	7.10	1.461	9.70	1.690
2.00	1.114	4.60	1.276	7.20	1.469	9.80	1.700
2.10	1.120	4.70	1.283	7.30	1.477	9.90	1.710
2.20	1.126	4.80	1.290	7.40	1.485	10.00	1.720
2.30	1.132	4.90	1.297	7.50	1.493	10.10	1.730
2.40	1.138	5.00	1.304	7.60	1.501	10.20	1.740
2.50	1.144	5.10	1.311	7.70	1.509	10.30	1.750

续表

浓度 /%（°P）	黏度 /（mPa·s）	浓度 /%（°P）	黏度 /（mPa·s）	浓度 /%（°P）	黏度 /（mPa·s）	浓度 /%（°P）	黏度 /（mPa·s）
10.40	1.760	12.90	2.047	15.40	2.400	17.90	2.835
10.50	1.771	13.00	2.060	15.50	2.416	18.00	2.855
10.60	1.781	13.10	2.073	15.60	2.432	18.10	2.875
10.70	1.791	13.20	2.086	15.70	2.448	18.20	2.895
10.80	1.802	13.30	2.099	15.80	2.464	18.30	2.915
10.90	1.813	13.40	2.112	15.90	2.480	18.40	2.935
11.00	1.824	13.50	2.126	16.00	2.497	18.50	2.956
11.10	1.835	13.60	2.139	16.10	2.513	18.60	2.977
11.20	1.846	13.70	2.152	16.20	2.530	18.70	2.998
11.30	1.857	13.80	2.166	16.30	2.547	18.80	3.019
11.40	1.868	13.90	2.180	16.40	2.564	18.90	3.040
11.50	1.879	14.00	2.194	16.50	2.581	19.00	3.062
11.60	1.890	14.10	2.208	16.60	2.598	19.10	3.084
11.70	1.901	14.20	2.222	16.70	2.615	19.20	3.106
11.80	1.913	14.30	2.236	16.80	2.632	19.30	3.129
11.90	1.925	14.40	2.250	16.90	2.650	19.40	3.152
12.00	1.937	14.50	2.265	17.00	2.668	19.50	3.175
12.10	1.949	14.60	2.279	17.10	2.686	19.60	3.199
12.20	1.961	14.70	2.294	17.20	2.704	19.70	3.223
12.30	1.973	14.80	2.309	17.30	2.722	19.80	3.247
12.40	1.985	14.90	2.324	17.40	2.740	19.90	3.271
12.50	1.997	15.00	2.339	17.50	2.759	20.00	3.295
12.60	2.009	15.10	2.354	17.60	2.778		
12.70	2.021	15.20	2.369	17.70	2.797		
12.80	2.034	15.30	2.384	17.80	2.816		

附录七　啤酒黏度与啤酒原麦汁浓度对照表

啤酒原麦汁浓度/°P	啤酒黏度/(mPa·s)	啤酒原麦汁浓度/°P	啤酒黏度/(mPa·s)	啤酒原麦汁浓度/°P	啤酒黏度/(mPa·s)	啤酒原麦汁浓度/°P	啤酒黏度/(mPa·s)
0.00	1.005	2.70	1.113	5.40	1.250	8.10	1.414
0.10	1.008	2.80	1.118	5.50	1.256	8.20	1.420
0.20	1.011	2.90	1.123	5.60	1.261	8.30	1.427
0.30	1.015	3.00	1.128	5.70	1.267	8.40	1.434
0.40	1.019	3.10	1.132	5.80	1.273	8.50	1.441
0.50	1.023	3.20	1.137	5.90	1.279	8.60	1.447
0.60	1.026	3.30	1.142	6.00	1.285	8.70	1.453
0.70	1.030	3.40	1.147	6.10	1.291	8.80	1.460
0.80	1.034	3.50	1.152	6.20	1.297	8.90	1.467
0.90	1.038	3.60	1.157	6.30	1.303	9.00	1.474
1.00	1.042	3.70	1.162	6.40	1.309	9.10	1.480
1.10	1.046	3.80	1.167	6.50	1.315	9.20	1.487
1.20	1.050	3.90	1.172	6.60	1.321	9.30	1.494
1.30	1.054	4.00	1.177	6.70	1.327	9.40	1.501
1.40	1.058	4.10	1.182	6.80	1.333	9.50	1.508
1.50	1.062	4.20	1.187	6.90	1.339	9.60	1.515
1.60	1.066	4.30	1.192	7.00	1.345	9.70	1.522
1.70	1.070	4.40	1.197	7.10	1.351	9.80	1.529
1.80	1.074	4.50	1.203	7.20	1.357	9.90	1.536
1.90	1.078	4.60	1.208	7.30	1.363	10.00	1.543
2.00	1.083	4.70	1.213	7.40	1.369	10.10	1.550
2.10	1.087	4.80	1.218	7.50	1.376	10.20	1.557
2.20	1.091	4.90	1.223	7.60	1.382	10.30	1.564
2.30	1.095	5.00	1.229	7.70	1.388	10.40	1.571
2.40	1.100	5.10	1.234	7.80	1.394	10.50	1.579
2.50	1.105	5.20	1.239	7.90	1.401	10.60	1.586
2.60	1.109	5.30	1.244	8.00	1.408	10.70	1.593

续表

啤酒原麦汁浓度/°P	啤酒黏度/(mPa·s)	啤酒原麦汁浓度/°P	啤酒黏度/(mPa·s)	啤酒原麦汁浓度/°P	啤酒黏度/(mPa·s)	啤酒原麦汁浓度/°P	啤酒黏度/(mPa·s)
10.80	1.600	13.20	1.784	15.60	1.984	18.00	2.201
10.90	1.607	13.30	1.792	15.70	1.992	18.10	2.210
11.00	1.615	13.40	1.800	15.80	2.001	18.20	2.219
11.10	1.622	13.50	1.808	15.90	2.010	18.30	2.229
11.20	1.629	13.60	1.816	16.00	2.019	18.40	2.239
11.30	1.636	13.70	1.824	16.10	2.027	18.50	2.249
11.40	1.644	13.80	1.832	16.20	2.036	18.60	2.258
11.50	1.652	13.90	1.840	16.30	2.045	18.70	2.268
11.60	1.659	14.00	1.849	16.40	2.054	18.80	2.278
11.70	1.666	14.10	1.857	16.50	2.063	18.90	2.288
11.80	1.674	14.20	1.865	16.60	2.072	19.00	2.298
11.90	1.682	14.30	1.873	16.70	2.081	19.10	2.308
12.00	1.690	14.40	1.882	16.80	2.090	19.20	2.318
12.10	1.697	14.50	1.891	16.90	2.099	19.30	2.328
12.20	1.705	14.60	1.899	17.00	2.108	19.40	2.338
12.30	1.713	14.70	1.907	17.10	2.117	19.50	2.348
12.40	1.721	14.80	1.915	17.20	2.126	19.60	2.358
12.50	1.729	14.90	1.924	17.30	2.135	19.70	2.368
12.60	1.736	15.00	1.933	17.40	2.144	19.80	2.378
12.70	1.744	15.10	1.941	17.50	2.154	19.90	2.388
12.80	1.752	15.20	1.949	17.60	2.163	20.00	2.399
12.90	1.760	15.30	1.958	17.70	2.172		
13.00	1.768	15.40	1.967	17.80	2.181		
13.10	1.776	15.50	1.976	17.90	2.191		

附录八　苦味质含量和苦味单位换算表

异α-酸/(mg/L)	苦味单位/BU	异α-酸/(mg/L)	苦味单位/BU	异α-酸/(mg/L)	苦味单位/BU
1	6	4	9	7	11
2	7	5	10	8	12
3	8	6	10	9	13

续表

异α-酸/（mg/L）	苦味单位/BU	异α-酸/（mg/L）	苦味单位/BU	异α-酸/（mg/L）	苦味单位/BU
10	14	31	32	52	51
11	15	32	33	53	51
12	16	33	34	54	52
13	17	34	35	55	52
14	17	35	36	56	54
15	18	36	37	57	55
16	19	37	37	58	56
17	20	38	38	59	57
18	21	39	39	60	58
19	22	40	40	61	58
20	23	41	41	62	59
21	24	42	42	63	60
22	24	43	43	64	61
23	25	44	44	65	62
24	26	45	44	66	63
25	27	46	45	67	64
26	28	47	46	68	65
27	29	48	47	69	65
28	30	49	48	70	66
29	31	50	49		
30	31	51	50		

附录九　相对密度与浸出物含量对照表

相对密度（20℃/20℃）	浸出物含量/%（质量分数）	相对密度（20℃/20℃）	浸出物含量/%（质量分数）	相对密度（20℃/20℃）	浸出物含量/%（质量分数）
1.0000	0.000	1.0005	0.129	1.0010	0.257
1.0001	0.026	1.0006	0.154	1.0011	0.283
1.0002	0.052	1.0007	0.180	1.0012	0.309
1.0003	0.077	1.0008	0.206	1.0013	0.334
1.0004	0.103	1.0009	0.231	1.0014	0.360

续表

相对密度（20℃/20℃）	浸出物含量/%（质量分数）	相对密度（20℃/20℃）	浸出物含量/%（质量分数）	相对密度（20℃/20℃）	浸出物含量/%（质量分数）
1.0015	0.386	1.0040	1.026	1.0065	1.667
1.0016	0.411	1.0041	1.052	1.0066	1.693
1.0017	0.437	1.0042	1.078	1.0067	1.718
1.0018	0.463	1.0043	1.103	1.0068	1.744
1.0019	0.488	1.0044	1.129	1.0069	1.769
1.0020	0.514	1.0045	1.155	1.0070	1.795
1.0021	0.540	1.0046	1.180	1.0071	1.820
1.0022	0.565	1.0047	1.206	1.0072	1.846
1.0023	0.591	1.0048	1.232	1.0073	1.872
1.0024	0.616	1.0049	1.257	1.0074	1.897
1.0025	0.642	1.0050	1.283	1.0075	1.923
1.0026	0.668	1.0051	1.308	1.0076	1.948
1.0027	0.693	1.0052	1.334	1.0077	1.973
1.0028	0.719	1.0053	1.360	1.0078	1.999
1.0029	0.745	1.0054	1.385	1.0079	2.025
1.0030	0.770	1.0055	1.411	1.0080	2.051
1.0031	0.796	1.0056	1.437	1.0081	2.078
1.0032	0.821	1.0057	1.462	1.0082	2.102
1.0033	0.847	1.0058	1.488	1.0083	2.127
1.0034	0.872	1.0059	1.514	1.0084	2.152
1.0035	0.898	1.0060	1.539	1.0085	2.178
1.0036	0.924	1.0061	1.565	1.0086	2.203
1.0037	0.949	1.0062	1.590	1.0087	2.229
1.0038	0.975	1.0063	1.616	1.0088	2.254
1.0039	1.001	1.0064	1.641	1.0089	2.280

续表

相对密度（20℃/20℃）	浸出物含量/%（质量分数）	相对密度（20℃/20℃）	浸出物含量/%（质量分数）	相对密度（20℃/20℃）	浸出物含量/%（质量分数）
1.0090	2.305	1.0123	3.143	1.0156	3.977
1.0091	2.330	1.0124	3.169	1.0157	4.002
1.0092	2.356	1.0125	3.194	1.0158	4.027
1.0093	2.381	1.0126	3.219	1.0159	4.052
1.0094	2.407	1.0127	3.245	1.0160	4.077
1.0095	2.432	1.0128	3.270	1.0161	4.102
1.0096	2.458	1.0129	3.295	1.0162	4.128
1.0097	2.483	1.0130	3.321	1.0163	4.153
1.0098	2.508	1.0131	3.346	1.0164	4.178
1.0099	2.534	1.0132	3.371	1.0165	4.203
1.0100	2.560	1.0133	3.396	1.0166	4.228
1.0101	2.585	1.0134	3.421	1.0167	4.253
1.0102	2.610	1.0135	3.447	1.0168	4.278
1.0103	2.636	1.0136	3.472	1.0169	4.304
1.0104	2.661	1.0137	3.497	1.0170	4.329
1.0105	2.687	1.0138	3.523	1.0171	4.354
1.0106	2.712	1.0139	3.548	1.0172	4.379
1.0107	2.738	1.0140	3.573	1.0173	4.404
1.0108	2.763	1.0141	3.598	1.0174	4.429
1.0109	2.788	1.0142	3.624	1.0175	4.454
1.0110	2.814	1.0143	3.649	1.0176	4.479
1.0111	2.839	1.0144	3.674	1.0177	4.505
1.0112	2.864	1.0145	3.699	1.0178	4.529
1.0113	2.890	1.0146	3.725	1.0179	4.555
1.0114	2.915	1.0147	3.750	1.0180	4.580
1.0115	2.940	1.0148	3.775	1.0181	4.605
1.0116	2.966	1.0149	3.800	1.0182	4.630
1.0117	2.991	1.0150	3.826	1.0183	4.655
1.0118	3.017	1.0151	3.851	1.0184	4.680
1.0119	3.042	1.0152	3.876	1.0185	4.705
1.0120	3.067	1.0153	3.901	1.0186	4.730
1.0121	3.093	1.0154	3.926	1.0187	4.755
1.0122	3.118	1.0155	3.951	1.0188	4.780

续表

相对密度（20℃/20℃）	浸出物含量/%（质量分数）	相对密度（20℃/20℃）	浸出物含量/%（质量分数）	相对密度（20℃/20℃）	浸出物含量/%（质量分数）
1.0189	4.805	1.0222	5.629	1.0255	6.449
1.0190	4.830	1.0223	5.654	1.0256	6.473
1.0191	4.855	1.0224	5.679	1.0257	6.498
1.0192	4.880	1.0225	5.704	1.0258	6.523
1.0193	4.905	1.0226	5.729	1.0259	6.547
1.0194	4.930	1.0227	5.754	1.0260	6.572
1.0195	4.955	1.0228	5.779	1.0261	6.597
1.0196	4.980	1.0229	5.803	1.0262	6.621
1.0197	5.006	1.0230	5.828	1.0263	6.646
1.0198	5.030	1.0231	5.853	1.0264	6.671
1.0199	5.055	1.0232	5.878	1.0265	6.696
1.0200	5.080	1.0233	5.903	1.0266	6.720
1.0201	5.106	1.0234	5.928	1.0267	6.745
1.0202	5.130	1.0235	5.952	1.0268	6.770
1.0203	5.155	1.0236	5.977	1.0269	6.794
1.0204	5.180	1.0237	6.002	1.0270	6.819
1.0205	5.205	1.0238	6.027	1.0271	6.844
1.0206	5.230	1.0239	6.052	1.0272	6.868
1.0207	5.255	1.0240	6.077	1.0273	6.893
1.0208	5.280	1.0241	6.101	1.0274	6.918
1.0209	5.305	1.0242	6.126	1.0275	6.943
1.0210	5.330	1.0243	6.151	1.0276	6.967
1.0211	5.355	1.0244	6.176	1.0277	6.992
1.0212	5.380	1.0245	6.200	1.0278	7.017
1.0213	5.405	1.0246	6.225	1.0279	7.041
1.0214	5.430	1.0247	6.250	1.0280	7.066
1.0215	5.455	1.0248	6.275	1.0281	7.091
1.0216	5.480	1.0249	6.300	1.0282	7.115
1.0217	5.505	1.0250	6.325	1.0283	7.140
1.0218	5.530	1.0251	6.350	1.0284	7.164
1.0219	5.555	1.0252	6.374	1.0285	7.189
1.0220	5.580	1.0253	6.399	1.0286	7.214
1.0221	5.605	1.0254	6.424	1.0287	7.238

续表

相对密度（20℃/20℃）	浸出物含量/%（质量分数）	相对密度（20℃/20℃）	浸出物含量/%（质量分数）	相对密度（20℃/20℃）	浸出物含量/%（质量分数）
1.0288	7.263	1.0321	8.073	1.0354	8.878
1.0289	7.287	1.0322	8.098	1.0355	8.902
1.0290	7.312	1.0323	8.122	1.0356	8.927
1.0291	7.337	1.0324	8.146	1.0357	8.951
1.0292	7.361	1.0325	8.171	1.0358	8.975
1.0293	7.386	1.0326	8.195	1.0359	9.000
1.0294	7.411	1.0327	8.220	1.0360	9.024
1.0295	7.435	1.0328	8.244	1.0361	9.048
1.0296	7.460	1.0329	8.269	1.0362	9.073
1.0297	7.484	1.0330	8.293	1.0363	9.097
1.0298	7.509	1.0331	8.317	1.0364	9.121
1.0299	7.533	1.0332	8.342	1.0365	9.145
1.0300	7.558	1.0333	8.366	1.0366	9.170
1.0301	7.583	1.0334	8.391	1.0367	9.194
1.0302	7.607	1.0335	8.415	1.0368	9.218
1.0303	7.632	1.0336	8.439	1.0369	9.243
1.0304	7.656	1.0337	8.464	1.0370	9.267
1.0305	7.681	1.0338	8.488	1.0371	9.291
1.0306	7.705	1.0339	8.513	1.0372	9.316
1.0307	7.730	1.0340	8.537	1.0373	9.340
1.0308	7.754	1.0341	8.561	1.0374	9.364
1.0309	7.779	1.0342	8.586	1.0375	9.388
1.0310	7.803	1.0343	8.610	1.0376	9.413
1.0311	7.828	1.0344	8.634	1.0377	9.437
1.0312	7.853	1.0345	8.659	1.0378	9.461
1.0313	7.877	1.0346	8.683	1.0379	9.485
1.0314	7.901	1.0347	8.708	1.0380	9.509
1.0315	7.926	1.0348	8.732	1.0381	9.534
1.0316	7.950	1.0349	8.756	1.0382	9.558
1.0317	7.975	1.0350	8.781	1.0383	9.582
1.0318	8.000	1.0351	8.805	1.0384	9.606
1.0319	8.024	1.0352	8.830	1.0385	9.631
1.0320	8.048	1.0353	8.854	1.0386	9.655

续表

相对密度（20℃/20℃）	浸出物含量/%（质量分数）	相对密度（20℃/20℃）	浸出物含量/%（质量分数）	相对密度（20℃/20℃）	浸出物含量/%（质量分数）
1.0387	9.679	1.0420	10.475	1.0453	11.267
1.0388	9.703	1.0421	10.499	1.0454	11.291
1.0389	9.727	1.0422	10.523	1.0455	11.315
1.0390	9.751	1.0423	10.548	1.0456	11.339
1.0391	9.776	1.0424	10.571	1.0457	11.363
1.0392	9.800	1.0425	10.596	1.0458	11.387
1.0393	9.824	1.0426	10.620	1.0459	11.411
1.0394	9.848	1.0427	10.644	1.0460	11.435
1.0395	9.873	1.0428	10.668	1.0461	11.458
1.0396	9.898	1.0429	10.692	1.0462	11.482
1.0397	9.921	1.0430	10.716	1.0463	11.506
1.0398	9.945	1.0431	10.740	1.0464	11.530
1.0399	9.969	1.0432	10.764	1.0465	11.554
1.0400	9.993	1.0433	10.788	1.0466	11.578
1.0401	10.017	1.0434	10.812	1.0467	11.602
1.0402	10.042	1.0435	10.836	1.0468	11.626
1.0403	10.066	1.0436	10.860	1.0469	11.650
1.0404	10.090	1.0437	10.884	1.0470	11.673
1.0405	10.114	1.0438	10.908	1.0471	11.697
1.0406	10.138	1.0439	10.932	1.0472	11.721
1.0407	10.162	1.0440	10.956	1.0473	11.745
1.0408	10.186	1.0441	10.980	1.0474	11.768
1.0409	10.210	1.0442	11.004	1.0475	11.792
1.0410	10.234	1.0443	11.027	1.0476	11.816
1.0411	10.259	1.0444	11.051	1.0477	11.840
1.0412	10.283	1.0445	11.075	1.0478	11.861
1.0413	10.307	1.0446	11.100	1.0479	11.888
1.0414	10.331	1.0447	11.123	1.0480	11.912
1.0415	10.355	1.0448	11.147	1.0481	11.935
1.0416	10.379	1.0449	11.171	1.0482	11.959
1.0417	10.403	1.0450	11.195	1.0483	11.983
1.0418	10.427	1.0451	11.219	1.0484	12.007
1.0419	10.451	1.0452	11.243	1.0485	12.031

续表

相对密度（20℃/20℃）	浸出物含量/%（质量分数）	相对密度（20℃/20℃）	浸出物含量/%（质量分数）	相对密度（20℃/20℃）	浸出物含量/%（质量分数）
1.0486	12.054	1.0519	12.838	1.0552	13.616
1.0487	12.078	1.0520	12.861	1.0553	13.640
1.0488	12.102	1.0521	12.885	1.0554	13.663
1.0489	12.126	1.0522	12.909	1.0555	13.687
1.0490	12.150	1.0523	12.932	1.0556	13.710
1.0491	12.173	1.0524	12.956	1.0557	13.734
1.0492	12.197	1.0525	12.979	1.0558	13.757
1.0493	12.221	1.0526	13.003	1.0559	13.781
1.0494	12.245	1.0527	13.027	1.0560	13.804
1.0495	12.268	1.0528	13.050	1.0561	13.828
1.0496	12.292	1.0529	13.074	1.0562	13.851
1.0497	12.316	1.0530	13.098	1.0563	13.875
1.0498	12.340	1.0531	13.121	1.0564	13.898
1.0499	12.363	1.0532	13.145	1.0565	13.921
1.0500	12.387	1.0533	13.168	1.0566	13.945
1.0501	12.411	1.0534	13.192	1.0567	13.968
1.0502	12.435	1.0535	13.215	1.0568	13.992
1.0503	12.458	1.0536	13.239	1.0569	14.015
1.0504	12.482	1.0537	13.263	1.0570	14.039
1.0505	12.506	1.0538	13.286	1.0571	14.062
1.0506	12.530	1.0539	13.310	1.0572	14.086
1.0507	12.553	1.0540	13.333	1.0573	14.109
1.0508	12.577	1.0541	13.357	1.0574	14.133
1.0509	12.601	1.0542	13.380	1.0575	14.156
1.0510	12.624	1.0543	13.404	1.0576	14.179
1.0511	12.648	1.0544	13.428	1.0577	14.203
1.0512	12.672	1.0545	13.451	1.0578	14.226
1.0513	12.695	1.0546	13.475	1.0579	14.250
1.0514	12.719	1.0547	13.499	1.0580	14.273
1.0515	12.743	1.0548	13.522	1.0581	14.297
1.0516	12.767	1.0549	13.546	1.0582	14.320
1.0517	12.790	1.0550	13.569	1.0583	14.343
1.0518	12.814	1.0551	13.593	1.0584	14.367

续表

相对密度（20℃/20℃）	浸出物含量/%（质量分数）	相对密度（20℃/20℃）	浸出物含量/%（质量分数）	相对密度（20℃/20℃）	浸出物含量/%（质量分数）
1.0585	14.390	1.0618	15.160	1.0651	15.926
1.0586	14.414	1.0619	15.183	1.0652	15.949
1.0587	14.437	1.0620	15.207	1.0653	15.972
1.0588	14.460	1.0621	15.230	1.0654	15.995
1.0589	14.484	1.0622	15.253	1.0655	16.019
1.0590	14.507	1.0623	15.276	1.0656	16.041
1.0591	14.531	1.0624	15.300	1.0657	16.065
1.0592	14.554	1.0625	15.323	1.0658	16.088
1.0593	14.577	1.0626	15.346	1.0659	16.111
1.0594	14.601	1.0627	15.369	1.0660	16.134
1.0595	14.624	1.0628	15.393	1.0661	16.157
1.0596	14.647	1.0629	15.416	1.0662	16.180
1.0597	14.671	1.0630	15.439	1.0663	16.203
1.0598	14.694	1.0631	15.462	1.0664	16.226
1.0599	14.717	1.0632	15.486	1.0665	16.249
1.0600	14.741	1.0633	15.509	1.0666	16.272
1.0601	14.764	1.0634	15.532	1.0667	16.295
1.0602	14.787	1.0635	15.555	1.0668	16.319
1.0603	14.811	1.0636	15.578	1.0669	16.341
1.0604	14.834	1.0637	15.602	1.0670	16.365
1.0605	14.857	1.0638	15.625	1.0671	16.388
1.0606	14.881	1.0639	15.648	1.0672	16.411
1.0607	14.904	1.0640	15.671	1.0673	16.434
1.0608	14.927	1.0641	15.694	1.0674	16.457
1.0609	14.950	1.0642	15.729	1.0675	16.480
1.0610	14.974	1.0643	15.741	1.0676	16.503
1.0611	14.997	1.0644	15.764	1.0677	16.526
1.0612	15.020	1.0645	15.787	1.0678	16.549
1.0613	15.044	1.0646	15.810	1.0679	16.572
1.0614	15.067	1.0647	15.833	1.0680	16.595
1.0615	15.090	1.0648	15.857	1.0681	16.618
1.0616	15.114	1.0649	15.880	1.0682	16.641
1.0617	15.137	1.0650	15.903	1.0683	16.664

续表

相对密度（20℃/20℃）	浸出物含量/%（质量分数）	相对密度（20℃/20℃）	浸出物含量/%（质量分数）	相对密度（20℃/20℃）	浸出物含量/%（质量分数）
1.0684	16.687	1.0717	17.444	1.0750	18.197
1.0685	16.710	1.0718	17.467	1.0751	18.220
1.0686	16.733	1.0719	17.490	1.0752	18.243
1.0687	16.756	1.0720	17.513	1.0753	18.266
1.0688	16.779	1.0721	17.536	1.0754	18.288
1.0689	16.802	1.0722	17.559	1.0755	18.311
1.0690	16.825	1.0723	17.581	1.0756	18.344
1.0691	16.848	1.0724	17.604	1.0757	18.356
1.0692	16.871	1.0725	17.627	1.0758	18.379
1.0693	16.894	1.0726	17.650	1.0759	18.402
1.0694	16.917	1.0727	17.673	1.0760	18.425
1.0695	16.940	1.0728	17.696	1.0761	18.447
1.0696	16.968	1.0729	17.719	1.0762	18.470
1.0697	16.986	1.0730	17.741	1.0763	18.493
1.0698	17.009	1.0731	17.764	1.0764	18.516
1.0699	17.032	1.0732	17.787	1.0765	18.538
1.0700	17.055	1.0733	17.810	1.0766	18.561
1.0701	17.078	1.0734	17.833	1.0767	18.584
1.0702	17.101	1.0735	17.856	1.0768	18.607
1.0703	17.123	1.0736	17.878	1.0769	18.629
1.0704	17.146	1.0737	17.901	1.0770	18.652
1.0705	17.169	1.0738	17.924	1.0771	18.675
1.0706	17.192	1.0739	17.947	1.0772	18.697
1.0707	17.215	1.0740	17.970	1.0773	18.720
1.0708	17.238	1.0741	17.992	1.0774	18.742
1.0709	17.261	1.0742	18.015	1.0775	18.765
1.0710	17.284	1.0743	18.038	1.0776	18.788
1.0711	17.307	1.0744	18.061	1.0777	18.810
1.0712	17.330	1.0745	18.084	1.0778	18.833
1.0713	17.353	1.0746	18.106	1.0779	18.856
1.0714	17.375	1.0747	18.129	1.0780	18.878
1.0715	17.398	1.0748	18.152	1.0781	18.901
1.0716	17.421	1.0749	18.175	1.0782	18.924

续表

相对密度（20℃/20℃）	浸出物含量/%（质量分数）	相对密度（20℃/20℃）	浸出物含量/%（质量分数）	相对密度（20℃/20℃）	浸出物含量/%（质量分数）
1.0783	18.947	1.0802	19.376	1.0821	19.804
1.0784	18.969	1.0803	19.399	1.0822	19.827
1.0785	18.992	1.0804	19.421	1.0823	19.849
1.0786	19.015	1.0805	19.444	1.0824	19.872
1.0787	19.037	1.0806	19.466	1.0825	19.894
1.0788	19.060	1.0807	19.489	1.0826	19.917
1.0789	19.082	1.0808	19.511	1.0827	19.939
1.0790	19.105	1.0809	19.534	1.0828	19.961
1.0791	19.127	1.0810	19.556	1.0829	19.984
1.0792	19.150	1.0811	19.579	1.0830	20.007
1.0793	19.173	1.0812	19.601	1.0831	20.032
1.0794	19.195	1.0813	19.624	1.0832	20.055
1.0795	19.218	1.0814	19.646	1.0833	20.078
1.0796	19.241	1.0815	19.669	1.0834	20.100
1.0797	19.263	1.0816	19.692	1.0835	20.123
1.0798	19.286	1.0817	19.714	1.0836	20.146
1.0799	19.308	1.0818	19.737	1.0837	20.169
1.0800	19.331	1.0819	19.759	1.0838	20.191
1.0801	19.353	1.0820	19.782	1.0839	20.213

附录十 酒精水溶液的相对密度与酒精度对照表

相对密度（20℃/20℃）	乙醇含量/%（体积分数）	乙醇含量/%（质量分数）	乙醇含量/（g/100mL）	相对密度（20℃/20℃）	乙醇含量/%（体积分数）	乙醇含量/%（质量分数）	乙醇含量/（g/100mL）
1.00000	0.00	0.00	0.00	0.99979	0.14	0.11	0.11
0.99997	0.02	0.02	0.02	0.99976	0.16	0.13	0.13
0.99994	0.04	0.03	0.03	0.99973	0.18	0.14	0.14
0.99991	0.06	0.05	0.05	0.99970	0.20	0.16	0.16
0.99988	0.08	0.06	0.06	0.99967	0.22	0.18	0.18
0.99985	0.10	0.08	0.08	0.99964	0.24	0.19	0.19
0.99982	0.12	0.10	0.10	0.99961	0.26	0.21	0.21

续表

相对密度（20℃/20℃）	乙醇含量/%（体积分数）	乙醇含量/%（质量分数）	乙醇含量/（g/100mL）	相对密度（20℃/20℃）	乙醇含量/%（体积分数）	乙醇含量/%（质量分数）	乙醇含量/（g/100mL）
0.99958	0.28	0.22	0.22	0.99860	0.94	0.74	0.74
0.99955	0.30	0.24	0.24	0.99857	0.96	0.76	0.76
0.99952	0.32	0.26	0.26	0.99854	0.98	0.77	0.77
0.99949	0.34	0.27	0.27	0.99851	1.00	0.79	0.79
0.99945	0.36	0.29	0.29	0.99848	1.02	0.81	0.81
0.99942	0.38	0.30	0.30	0.99845	1.04	0.82	0.82
0.99939	0.40	0.32	0.32	0.99842	1.06	0.84	0.84
0.99936	0.42	0.34	0.34	0.99839	1.08	0.85	0.85
0.99933	0.44	0.35	0.35	0.99836	1.10	0.87	0.87
0.99930	0.46	0.37	0.37	0.99833	1.12	0.89	0.89
0.99927	0.48	0.38	0.38	0.99830	1.14	0.90	0.90
0.99924	0.50	0.40	0.40	0.99827	1.16	0.92	0.92
0.99921	0.52	0.41	0.41	0.99824	1.18	0.93	0.93
0.99918	0.54	0.43	0.43	0.99821	1.20	0.95	0.95
0.99916	0.56	0.44	0.44	0.99818	1.22	0.97	0.97
0.99913	0.58	0.46	0.46	0.99815	1.24	0.98	0.98
0.99910	0.60	0.47	0.47	0.99813	1.26	1.00	1.00
0.99907	0.62	0.49	0.49	0.99810	1.28	1.01	1.01
0.99904	0.64	0.50	0.50	0.99807	1.30	1.03	1.03
0.99901	0.66	0.52	0.52	0.99804	1.32	1.05	1.05
0.99898	0.68	0.53	0.53	0.99801	1.34	1.06	1.06
0.99895	0.70	0.55	0.55	0.99798	1.36	1.08	1.08
0.99892	0.72	0.57	0.57	0.99795	1.38	1.09	1.09
0.99889	0.74	0.58	0.58	0.99792	1.40	1.11	1.11
0.99886	0.76	0.60	0.60	0.99789	1.42	1.13	1.13
0.99883	0.78	0.61	0.61	0.99786	1.44	1.14	1.14
0.99880	0.80	0.63	0.63	0.99783	1.46	1.16	1.16
0.99877	0.82	0.65	0.65	0.99780	1.48	1.17	1.17
0.99874	0.84	0.66	0.66	0.99777	1.50	1.19	1.19
0.99872	0.86	0.68	0.68	0.99774	1.52	1.21	1.20
0.99869	0.88	0.69	0.69	0.99771	1.54	1.22	1.22
0.99866	0.90	0.71	0.71	0.99769	1.56	1.24	1.23
0.99863	0.92	0.73	0.73	0.99766	1.58	1.25	1.25

续表

相对密度（20℃/20℃）	乙醇含量/%（体积分数）	乙醇含量/%（质量分数）	乙醇含量/（g/100mL）	相对密度（20℃/20℃）	乙醇含量/%（体积分数）	乙醇含量/%（质量分数）	乙醇含量/（g/100mL）
0.99763	1.60	1.27	1.26	0.99667	2.26	1.79	1.78
0.99760	1.62	1.29	1.28	0.99664	2.28	1.81	1.80
0.99757	1.64	1.30	1.29	0.99661	2.30	1.82	1.81
0.99754	1.66	1.32	1.31	0.99658	2.32	1.84	1.83
0.99751	1.68	1.33	1.32	0.99655	2.34	1.85	1.84
0.99748	1.70	1.35	1.34	0.99652	2.36	1.87	1.86
0.99745	1.72	1.37	1.36	0.99649	2.38	1.88	1.87
0.99742	1.74	1.38	1.37	0.99646	2.40	1.90	1.89
0.99739	1.76	1.40	1.39	0.99643	2.42	1.92	1.91
0.99736	1.78	1.41	1.40	0.99640	2.44	1.93	1.92
0.99733	1.80	1.43	1.42	0.99638	2.46	1.95	1.94
0.99730	1.82	1.45	1.44	0.99635	2.48	1.96	1.95
0.99727	1.84	1.46	1.45	0.99632	2.50	1.98	1.97
0.99725	1.86	1.48	1.47	0.99629	2.52	2.00	1.99
0.99722	1.88	1.49	1.48	0.99626	2.54	2.01	2.00
0.99719	1.90	1.51	1.50	0.99624	2.56	2.03	2.02
0.99716	1.92	1.53	1.52	0.99621	2.58	2.04	2.03
0.99713	1.94	1.54	1.53	0.99618	2.60	2.06	2.05
0.99710	1.96	1.56	1.55	0.99615	2.62	2.08	2.07
0.99707	1.98	1.57	1.56	0.99612	2.64	2.09	2.08
0.99704	2.00	1.59	1.58	0.99609	2.66	2.11	2.10
0.99701	2.02	1.61	1.60	0.99606	2.68	2.12	2.11
0.99698	2.04	1.62	1.61	0.99603	2.70	2.14	2.13
0.99695	2.06	1.64	1.63	0.99600	2.72	2.16	2.15
0.99692	2.08	1.65	1.64	0.99597	2.74	2.17	2.16
0.99689	2.10	1.67	1.66	0.99595	2.76	2.19	2.18
0.99686	2.12	1.69	1.68	0.99592	2.78	2.20	2.19
0.99683	2.14	1.70	1.69	0.99589	2.80	2.22	2.21
0.99681	2.16	1.72	1.71	0.99586	2.82	2.24	2.23
0.99678	2.18	1.73	1.72	0.99583	2.84	2.25	2.24
0.99675	2.20	1.75	1.74	0.99580	2.86	2.27	2.26
0.99672	2.22	1.76	1.75	0.99577	2.88	2.28	2.27
0.99669	2.24	1.78	1.77	0.99574	2.90	2.30	2.29

续表

相对密度（20℃/20℃）	乙醇含量/%（体积分数）	乙醇含量/%（质量分数）	乙醇含量/（g/100mL）	相对密度（20℃/20℃）	乙醇含量/%（体积分数）	乙醇含量/%（质量分数）	乙醇含量/（g/100mL）
0.99571	2.92	2.32	2.31	0.99478	3.58	2.84	2.82
0.99568	2.94	2.33	2.32	0.99475	3.60	2.86	2.84
0.99566	2.96	2.35	2.34	0.99472	3.62	2.88	2.86
0.99563	2.98	2.36	2.35	0.99469	3.64	2.89	2.87
0.99560	3.00	2.38	2.37	0.99467	3.66	2.91	2.89
0.99557	3.02	2.40	2.39	0.99464	3.68	2.92	2.90
0.99554	3.04	2.41	2.40	0.99461	3.70	2.94	2.92
0.99552	3.06	2.43	2.42	0.99458	3.72	2.96	2.94
0.99549	3.08	2.44	2.43	0.99455	3.74	2.97	2.95
0.99546	3.10	2.46	2.45	0.99453	3.76	2.99	2.97
0.99543	3.12	2.48	2.47	0.99450	3.78	3.00	2.98
0.99540	3.14	2.49	2.48	0.99447	3.80	3.02	3.00
0.99537	3.16	2.51	2.50	0.99444	3.82	3.04	3.02
0.99534	3.18	2.52	2.51	0.99441	3.84	3.05	3.03
0.99531	3.20	2.54	2.53	0.99439	3.86	3.07	3.05
0.99528	3.22	2.56	2.54	0.99436	3.88	3.08	3.06
0.99525	3.24	2.57	2.56	0.99433	3.90	3.10	3.08
0.99523	3.26	2.59	2.57	0.99430	3.92	3.12	3.10
0.99520	3.28	2.60	2.59	0.99427	3.94	3.13	3.11
0.99517	3.30	2.62	2.60	0.99425	3.96	3.15	3.13
0.99514	3.32	2.64	2.62	0.99422	3.98	3.16	3.14
0.99511	3.34	2.65	2.63	0.99419	4.00	3.18	3.16
0.99509	3.36	2.67	2.65	0.99416	4.02	3.20	3.18
0.99506	3.38	2.68	2.66	0.99413	4.04	3.21	3.19
0.99503	3.40	2.70	2.68	0.99411	4.06	3.23	3.21
0.99500	3.42	2.72	2.70	0.99408	4.08	3.24	3.22
0.99497	3.44	2.73	2.71	0.99405	4.10	3.26	3.24
0.99495	3.46	2.75	2.73	0.99402	4.12	3.28	3.26
0.99492	3.48	2.76	2.74	0.99399	4.14	3.29	3.27
0.99489	3.50	2.78	2.76	0.99397	4.16	3.31	3.29
0.99486	3.52	2.80	2.78	0.99394	4.18	3.32	3.30
0.99483	3.54	2.81	2.79	0.99391	4.20	3.34	3.32
0.99481	3.56	2.83	2.81	0.99388	4.22	3.36	3.33

续表

相对密度（20℃/20℃）	乙醇含量/%（体积分数）	乙醇含量/%（质量分数）	乙醇含量/（g/100mL）	相对密度（20℃/20℃）	乙醇含量/%（体积分数）	乙醇含量/%（质量分数）	乙醇含量/（g/100mL）
0.99385	4.24	3.37	3.35	0.99295	4.90	3.90	3.87
0.99383	4.26	3.39	3.36	0.99292	4.92	3.92	3.89
0.99380	4.28	3.40	3.38	0.99289	4.94	3.93	3.90
0.99377	4.30	3.42	3.39	0.99287	4.96	3.95	3.92
0.99374	4.32	3.44	3.41	0.99284	4.98	3.96	3.93
0.99371	4.34	3.45	3.42	0.99281	5.00	3.98	3.95
0.99369	4.36	3.47	3.44	0.99278	5.02	4.00	3.97
0.99366	4.38	3.48	3.45	0.99276	5.04	4.01	3.98
0.99363	4.40	3.50	3.47	0.99273	5.06	4.03	4.00
0.99360	4.42	3.52	3.49	0.99271	5.08	4.04	4.01
0.99357	4.44	3.53	3.50	0.99268	5.10	4.06	4.03
0.99355	4.46	3.55	3.52	0.99265	5.12	4.08	4.04
0.99352	4.48	3.56	3.53	0.99263	5.14	4.09	4.06
0.99349	4.50	3.58	3.55	0.99260	5.16	4.11	4.07
0.99346	4.52	3.60	3.57	0.99258	5.18	4.12	4.08
0.99344	4.54	3.61	3.58	0.99255	5.20	4.14	4.10
0.99341	4.56	3.63	3.60	0.99252	5.22	4.16	4.12
0.99339	4.58	3.64	3.61	0.99249	5.24	4.17	4.13
0.99336	4.60	3.66	3.63	0.99247	5.26	4.19	4.15
0.99333	4.62	3.68	3.65	0.99244	5.28	4.20	4.16
0.99330	4.64	3.69	3.66	0.99241	5.30	4.22	4.18
0.99328	4.66	3.71	3.68	0.99238	5.32	4.24	4.20
0.99325	4.68	3.72	3.69	0.99236	5.34	4.25	4.21
0.99322	4.70	3.74	3.71	0.99233	5.36	4.27	4.23
0.99319	4.72	3.76	3.73	0.99231	5.38	4.28	4.24
0.99316	4.74	3.77	3.74	0.99228	5.40	4.30	4.26
0.99314	4.76	3.79	3.76	0.99225	5.42	4.32	4.28
0.99311	4.78	3.80	3.77	0.99223	5.44	4.33	4.29
0.99308	4.80	3.82	3.79	0.99220	5.46	4.35	4.31
0.99305	4.82	3.84	3.81	0.99218	5.48	4.36	4.32
0.99303	4.84	3.85	3.82	0.99215	5.50	4.38	4.34
0.99300	4.86	3.87	3.84	0.99212	5.52	4.40	4.36
0.99298	4.88	3.88	3.85	0.99209	5.54	4.41	4.37

续表

相对密度(20℃/20℃)	乙醇含量/%(体积分数)	乙醇含量/%(质量分数)	乙醇含量/(g/100mL)	相对密度(20℃/20℃)	乙醇含量/%(体积分数)	乙醇含量/%(质量分数)	乙醇含量/(g/100mL)
0.99207	5.56	4.43	4.39	0.99119	6.22	4.97	4.91
0.99204	5.58	4.44	4.40	0.99117	6.24	4.98	4.92
0.99201	5.60	4.46	4.42	0.99114	6.26	5.00	4.94
0.99198	5.62	4.48	4.44	0.99112	6.28	5.01	4.95
0.99196	5.64	4.49	4.45	0.99109	6.30	5.03	4.97
0.99193	5.66	4.51	4.47	0.99106	6.32	5.05	4.99
0.99191	5.68	4.52	4.48	0.99104	6.34	5.06	5.00
0.99188	5.70	4.54	4.50	0.99101	6.36	5.08	5.02
0.99185	5.72	4.56	4.52	0.99099	6.38	5.09	5.03
0.99182	5.74	4.57	4.53	0.99096	6.40	5.11	5.05
0.99180	5.76	4.59	4.55	0.99093	6.42	5.13	5.07
0.99177	5.78	4.60	4.56	0.99091	6.44	5.14	5.08
0.99174	5.80	4.62	4.58	0.99088	6.46	5.16	5.10
0.99171	5.82	4.64	4.60	0.99086	6.48	5.17	5.11
0.99169	5.84	4.65	4.61	0.99083	6.50	5.19	5.13
0.99166	5.86	4.67	4.63	0.99080	6.52	5.21	5.15
0.99164	5.88	4.68	4.64	0.99078	6.54	5.22	5.16
0.99161	5.90	4.70	4.66	0.99075	6.56	5.24	5.18
0.99158	5.92	4.72	4.68	0.99073	6.58	5.25	5.19
0.99156	5.94	4.73	4.69	0.99070	6.60	5.27	5.21
0.99153	5.96	4.75	4.71	0.99067	6.62	5.29	5.23
0.99151	5.98	4.76	4.72	0.99065	6.64	5.30	5.24
0.99148	6.00	4.78	4.74	0.99062	6.66	5.32	5.26
0.99145	6.02	4.80	4.76	0.99060	6.68	5.33	5.27
0.99143	6.04	4.82	4.77	0.99057	6.70	5.35	5.29
0.99140	6.06	4.83	4.79	0.99055	6.72	5.37	5.31
0.99138	6.08	4.85	4.80	0.99052	6.74	5.38	5.32
0.99135	6.10	4.87	4.82	0.99050	6.76	5.40	5.34
0.99132	6.12	4.89	4.83	0.99047	6.78	5.41	5.35
0.99130	6.14	4.90	4.85	0.99045	6.80	5.43	5.37
0.99127	6.16	4.92	4.86	0.99042	6.82	5.45	5.39
0.99125	6.18	4.93	4.88	0.99040	6.84	5.46	5.40
0.99122	6.20	4.95	4.89	0.99037	6.86	5.48	5.42

续表

相对密度（20℃/20℃）	乙醇含量/%（体积分数）	乙醇含量/%（质量分数）	乙醇含量/（g/100mL）	相对密度（20℃/20℃）	乙醇含量/%（体积分数）	乙醇含量/%（质量分数）	乙醇含量/（g/100mL）
0.99035	6.88	5.49	5.43	0.98951	7.54	6.02	5.95
0.99032	6.90	5.51	5.45	0.98949	7.56	6.04	5.97
0.99030	6.92	5.53	5.47	0.98946	7.58	6.05	5.98
0.99027	6.94	5.54	5.48	0.98944	7.60	6.07	6.00
0.99025	6.96	5.56	5.50	0.98941	7.62	6.09	6.02
0.99022	6.98	5.57	5.51	0.98939	7.64	6.10	6.03
0.99020	7.00	5.59	5.53	0.98936	7.66	6.12	6.05
0.99017	7.02	5.61	5.54	0.98934	7.68	6.13	6.06
0.99015	7.04	5.62	5.56	0.98931	7.70	6.15	6.08
0.99012	7.06	5.64	5.57	0.98929	7.72	6.17	6.10
0.99010	7.08	5.65	5.59	0.98926	7.74	6.19	6.11
0.99007	7.10	5.67	5.60	0.98924	7.76	6.20	6.13
0.99004	7.12	5.69	5.62	0.98921	7.78	6.22	6.14
0.99002	7.14	5.70	5.63	0.98919	7.80	6.24	6.16
0.98999	7.16	5.72	5.65	0.98916	7.82	6.26	6.18
0.98997	7.18	5.73	5.66	0.98914	7.84	6.27	6.19
0.98994	7.20	5.75	5.68	0.98911	7.86	6.29	6.21
0.98991	7.22	5.77	5.70	0.98909	7.88	6.30	6.22
0.98989	7.24	5.78	5.71	0.98906	7.90	6.32	6.24
0.98986	7.26	5.80	5.73	0.98903	7.92	6.34	6.26
0.98984	7.28	5.81	5.74	0.98901	7.94	6.35	6.27
0.98981	7.30	5.83	5.76	0.98898	7.96	6.37	6.29
0.98979	7.32	5.85	5.78	0.98896	7.98	6.38	6.30
0.98976	7.34	5.86	5.79	0.98893	8.00	6.40	6.32
0.98974	7.36	5.88	5.81	0.98891	8.02	6.42	6.33
0.98971	7.38	5.89	5.82	0.98888	8.04	6.43	6.35
0.98969	7.40	5.91	5.84	0.98886	8.06	6.45	6.36
0.98966	7.42	5.93	5.86	0.98883	8.08	6.46	6.38
0.98964	7.44	5.94	5.87	0.98881	8.10	6.48	6.39
0.98961	7.46	5.96	5.89	0.98879	8.12	6.50	6.41
0.98959	7.48	5.97	5.90	0.98876	8.14	6.51	6.42
0.98956	7.50	5.99	5.92	0.98874	8.16	6.53	6.44
0.98954	7.52	6.01	5.94	0.98871	8.18	6.54	6.45

续表

相对密度（20℃/20℃）	乙醇含量/%（体积分数）	乙醇含量/%（质量分数）	乙醇含量/（g/100mL）	相对密度（20℃/20℃）	乙醇含量/%（体积分数）	乙醇含量/%（质量分数）	乙醇含量/（g/100mL）
0.98869	8.20	6.56	6.47	0.98782	8.90	7.12	7.03
0.98867	8.22	6.58	6.49	0.98780	8.92	7.14	7.04
0.98864	8.24	6.59	6.50	0.98777	8.94	7.15	7.06
0.98862	8.26	6.61	6.52	0.98775	8.96	7.17	7.07
0.98859	8.28	6.62	6.53	0.98772	8.98	7.18	7.09
0.98857	8.30	6.64	6.55	0.98770	9.00	7.20	7.10
0.98855	8.32	6.66	6.57	0.98768	9.02	7.22	7.12
0.98852	8.34	6.67	6.58	0.98765	9.04	7.24	7.13
0.98850	8.36	6.69	6.60	0.98763	9.06	7.25	7.15
0.98847	8.38	6.70	6.61	0.98760	9.08	7.27	7.16
0.98845	8.40	6.72	6.63	0.98758	9.10	7.29	7.18
0.98843	8.42	6.74	6.65	0.98756	9.12	7.31	7.20
0.98840	8.44	6.75	6.66	0.98753	9.14	7.32	7.21
0.98838	8.46	6.77	6.68	0.98751	9.16	7.34	7.23
0.98835	8.48	6.78	6.69	0.98748	9.18	7.35	7.24
0.98833	8.50	6.80	6.71	0.98746	9.20	7.37	7.26
0.98830	8.52	6.82	6.73	0.98744	9.22	7.39	7.28
0.98828	8.54	6.83	6.74	0.98741	9.24	7.40	7.29
0.98825	8.56	6.85	6.76	0.98739	9.26	7.42	7.31
0.98823	8.58	6.86	6.77	0.98736	9.28	7.43	7.32
0.98820	8.60	6.88	6.79	0.98734	9.30	7.45	7.34
0.98817	8.62	6.90	6.81	0.98732	9.32	7.47	7.36
0.98815	8.64	6.91	6.82	0.98729	9.34	7.48	7.37
0.98812	8.66	6.93	6.84	0.98727	9.36	7.50	7.39
0.98810	8.68	6.94	6.85	0.98724	9.38	7.51	7.40
0.98807	8.70	6.96	6.87	0.98722	9.40	7.53	7.42
0.98804	8.72	6.98	6.89	0.98720	9.42	7.55	7.44
0.98802	8.74	6.99	6.90	0.98717	9.44	7.56	7.45
0.98799	8.76	7.01	6.92	0.98715	9.46	7.58	7.47
0.98797	8.78	7.02	6.93	0.98712	9.48	7.59	7.48
0.98794	8.80	7.04	6.95	0.98710	9.50	7.61	7.50
0.98792	8.82	7.06	6.97	0.98708	9.52	7.63	7.52
0.98789	8.84	7.07	6.98	0.98705	9.54	7.64	7.53
0.98787	8.86	7.09	7.00	0.98703	9.56	7.66	7.55
0.98784	8.88	7.10	7.01	0.98700	9.58	7.67	7.56

参 考 文 献

[1] Wolfgang Kunze 著. 湖北轻工职业技术学院翻译组译. 啤酒工艺实用技术（第八版）[M]. 北京：中国轻工业出版社，2008.

[2] 张学群，张柏青. 啤酒工艺控制指标及检测手册. 北京：中国轻工业出版社，1993.

[3] 李周奎. 啤酒检验技术. 北京：中国计量出版社，1996.

[4] 冯成武，白桂蓉，胡幼梅. 分析化学. 北京：中央广播电视大学出版社，1990.

[5] 管敦仪. 啤酒工业手册（中册）. 北京：中国轻工业出版社，1982.

[6] 中华人民共和国 GB 4927—2008 啤酒. 北京：中国标准出版社，2008.

[7] 中华人民共和国 GB/T 4928—2008 啤酒分析方法. 北京：中国标准出版社，2008.

[8] 中华人民共和国 GB/T 7416—2008 啤酒大麦. 北京：中国标准出版社，2008.

[9] 中华人民共和国 GB 5749—2006 生活饮用水卫生标准. 北京：中国标准出版社，2006.

[10] 中华人民共和国 GB/T 20369—2006 啤酒花制品. 北京：中国标准出版社，2006.

[11] 中华人民共和国 QB/T 1686—2008 啤酒麦芽. 北京：中国标准出版社，2008.